カラー図解

地球と人類46億年の謎を楽しむ本

日本博学倶楽部 著

Earth & Humanity

PHP研究所

はじめに

地球誕生から46億年——。

ひと言で表現してしまえば簡単であるが、この46億年という途方もなく長い時間のなかで、数々の壮大なドラマが展開されてきた。

小惑星の衝突と月の誕生、海と大陸の形成、大陸移動、大酸化事変、全球凍結と温暖化、と目まぐるしく地球環境が変化し、そうした環境のなかで生命が誕生し、進化を繰り返し、700万年前、人類が誕生した。

こうした地球の歴史は、古くから研究が続けられてきたが、同時に科学の発展なくしては解明できない部分が多い。そのため、21世紀に入ってからも発見が相次ぎ、地球史、生命の歴史は20年ほど前に教えられていた内容から大きく変化している。

たとえば、これまでプレートテクトニクスによって説明されてきた地殻変動に、地球内部のマントルと核の胎動から地球の動きを説明するプルームテクトニクス理論が加わったことで、地球の歴史の研究が一気に進んだ。

また20年ほど前には、猿人・原人・旧人・新人と進化したと教えられていた人類史に至っては、アウストラロピテクスよりも古い人類種が発見されたのみならず、旧人とされていたネアンデルタール人と現生人類ホモ・サピエンスが同時期に生きていたことがわかり、その進化の定説が覆(くつがえ)されてしまった。

今後もあらゆる分野でかつて教科書に書かれていたことが書き換えられていくはずである。

本書は、そうした地球誕生から現代に至る間に起こった様々なドラマを、最新の研究成果をもとに豊富な図版を用いて再整理し、ひと目でわかる作りで解説した。

とくに近年の調査により大きく変わった人類の歴史700万年をクローズアップし、人類誕生から拡散の歴史までを詳述した。

生命誕生以来、地球上の覇権はカンブリア紀の節足動物以降、魚類、爬虫類、鳥類、そして哺乳類(ほにゅうるい)へと移り変わってきた。地球と生物の進化、そして人類史へとつながる46億年の物語をたどりながら、そのダイナミズムを楽しんでいただければ幸いである。

日本博学倶楽部

地球と人類 46億年の謎を楽しむ本

Contents ―もくじ―

Chapter 01

地球と生命誕生の謎

――生命の星はいかにして生まれ、命を育んだのか？

Chapter

02

古代生物の興亡

——５億 4000 万年の歴史のなかで、
生物たちはいかにして生まれ滅んだのか？

Chapter 03

人類の進化

——地球に生まれた最もか弱い脊椎動物の一種が、
地上を制覇できた理由とは？

20大ニュースでわかる！地球46億年史

太陽系に生まれた灼熱の原始地球が、
生命を育むオアシスへと姿を変えるまで

大酸化事変
光合成を行なうシアノバクテリアにより、
大気中の酸素が一気に増加する。
（→24ページ）

ここより原生代

25億年前

35億年前

始

生

代

40億～38億年前

～27億年前

40億年前

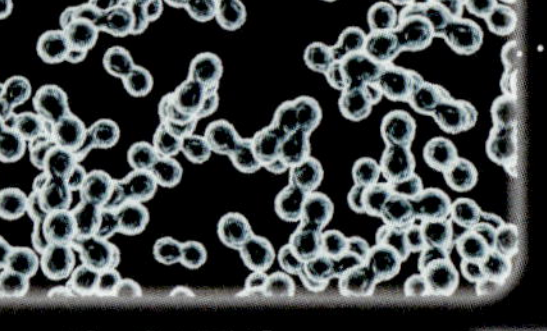

生命誕生
海のなかに
最初の生命が誕生する。
（→22ページ）

磁場の形成
外核の対流により磁場が生まれ、
27億年前頃に今日の磁界が生まれる。
（→18ページ）

陸の誕生
最初の陸地が生まれ、
19億年前に超大陸を形成する。
（→20ページ）

海の誕生
雨によって地表が固まり
海が誕生する。
（→18ページ）

全球凍結
地球全体が凍結。
赤道一帯までもが凍りに覆われる。
(→28ページ)

エディアカラ生物群
エディアカラ生物群が登場する。
(→30ページ)

原　生　代

7億〜6億年前

5.7億年前

7億年前

原生代

21億年前

真核生物が
誕生する。

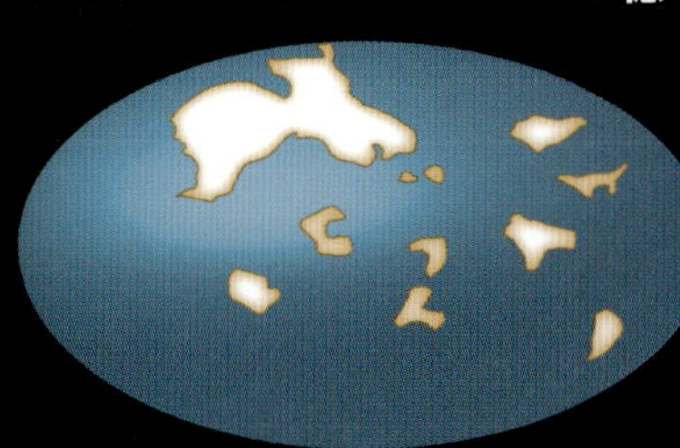

超大陸ヌーナ
(19億〜14億年前)

ここより冥王代

王　代

44億〜38億年前

44億5000万年前

46億年前

太陽系と地球の誕生
約46億年前、太陽系のなかに
地球が誕生する。
(→12ページ)

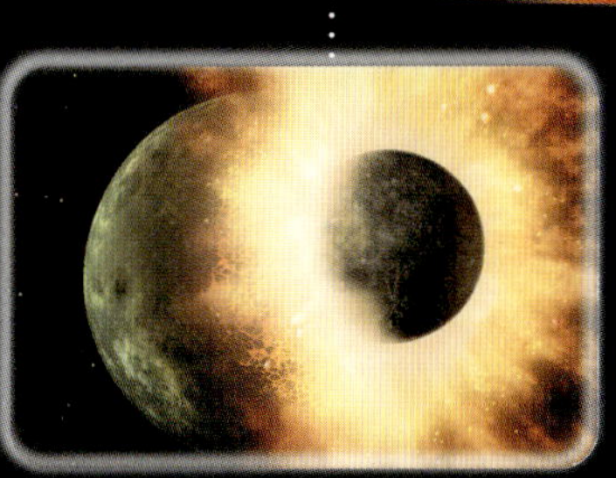

月の誕生
火星大の小惑星が原始地球に衝突。
破片から月が形成される。
(→16ページ)

ここより古生代

カンブリア大爆発
甲殻類をはじめとする
多様な生物種が登場する。
（→34ページ）

魚類の天下
オルドビス紀から
デボン紀にかけて
魚類が全盛期を迎える。
（→36ページ）

大森林の形成
4億3300万年前に植物が上陸し、
大森林が形成され、昆虫が繁栄する。
（→38ページ）

両生類の上陸
イクチオステガが上陸。
地上を四足歩行する。
（→42ページ）

古　生　代

5.41億年前
カンブリア紀
5.41億年前

オルドビス紀
4.85億年前

4.85億～3.59億年前　*4.33億年前*
シルル紀
4.43億年前

3.65億年前
デボン紀
4.19億年前

石炭紀
3.59億年前

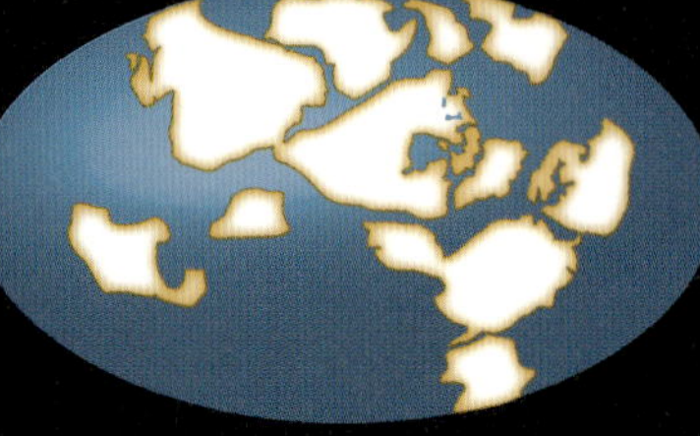

超大陸ロディニア
（10億～7億年前）

巨大隕石の衝突
6550万年前、
巨大小惑星の落下により恐竜が滅亡する。
（→58ページ）

パンゲアの分裂
（300万年前）

新　生　代

古　第　三　紀

6500万年前

2300万年前

700万年前

恐鳥類の時代
恐竜から進化した鳥類から
恐鳥類が登場する。
（→62ページ）

人類の登場
霊長類のなかから進化した初期猿人が登場。
人類が世界に拡散を始める。
（→76ページ～）

260万年前

単弓類の登場
単弓類が登場し、
ディメトロドンが繁栄する。
(→44ページ)

P/T 境界絶滅
生物の95%が死滅する
大量絶滅が起こる。
(→46ページ)

三つ巴の争い
単弓類、クルロタルシ類、
恐竜類が生存競争を繰り広げる。
(→50ページ)

恐竜の時代
恐竜が大型化し
地球上で繁栄する。
(→52ページ)

超大陸パンゲア
(3億年前)

地球の活動

生命の星の胎動がもたらす現象をひと目で理解する！

気象

対流圏では大気が激しく循環して対流が起こる。結果、雲が発生し雨や雪、雷、雹など様々な気象現象が起こる。

大気の循環

太陽光から受ける熱や光の量の差によって生まれる、赤道と南北両極の間の気温差を解消しようとして生じる流れ。低緯度の貿易風や中緯度の偏西風、極の冷たい空気を低緯度へ送る極偏東風などがある。

オーロラ

太陽風のプラズマが、地球の磁場と接する際、熱圏で大気分子とぶつかり合って生まれる大気の発光現象。

太陽風

火山活動

海洋プレートが沈み込むと、水分を含んだ海洋プレートが溶けてマグマが発生する。このマグマのうえには火山が生まれ、マグマが地表に吹き出すと火山噴火が起こる。

大陸の移動

海洋の拡大によって大陸は動き続けている。

← 大陸プレート

大気

コールドプルーム

周辺のマントルより温度が低く、マントル表層から中心部へ向かって下降するプルーム。

磁場の発生

外核内での対流により電流が発生し、磁場が作り出される。磁場の派生・維持の現象を「ダイナモ」といい、この磁場によって地球は太陽風から守られる。

マグマ

メガリス

地震

沈み込む海洋プレートと大陸プレートの衝突部ではプレートにひずみが生まれ、大陸プレートの反動で地震が起こる。

海洋プレート

内核

外核

下部マントル

上部マントル

マントル対流

温度差の激しいマントル内部では、下降と上昇の対流が起こっている。マントルの最下部に落下したスラブが再び温められ地表へと上昇していく動きが対流の実像とされる。

中央海嶺

大洋のほぼ中央部を長く走る海底山脈で、海洋地殻が生み出される。

ホットプルーム

周辺のマントルに比べて高温で、マントルの最下部から表層へ向かう上昇流。

海底火山の噴火

ホットプルーム上に生じるホットスポット上を、海洋プレートが通過する際に起こる噴火で、時に火山島を作り出す。

潮の干潮

月の引力の影響により、地球の月を向いた側と反対側の潮位が上昇、直角にある側が下降する。

海流

深さ400mほどまでの表層海流と、700m以深を流れる深層海流にわかれる。前者は、寒暖をもたらし、後者は、海底の地形にそってゆっくり流れ、インド洋や太平洋で湧昇する。

巨大噴火

巨大なカルデラの下にたまった大量のマグマが、円周上につながった火口から一斉に吹き出す噴火。

月

Chapter 01 地球と生命誕生の謎

——生命の星はいかにして生まれ、命を育んだのか？

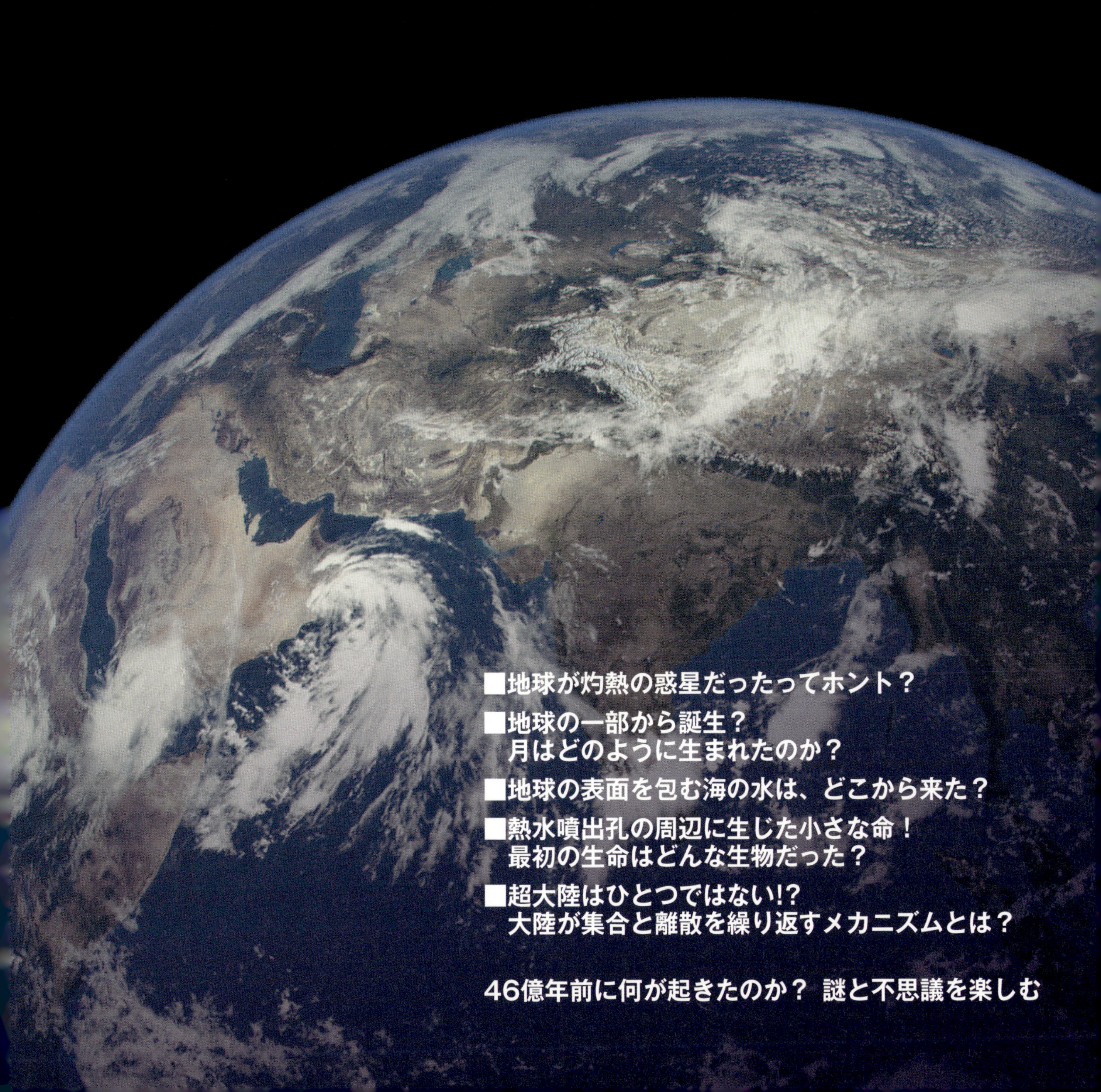

■地球が灼熱の惑星だったってホント？

■地球の一部から誕生？
月はどのように生まれたのか？

■地球の表面を包む海の水は、どこから来た？

■熱水噴出孔の周辺に生じた小さな命！
最初の生命はどんな生物だった？

■超大陸はひとつではない!?
大陸が集合と離散を繰り返すメカニズムとは？

46億年前に何が起きたのか？ 謎と不思議を楽しむ

地球誕生の秘密

「水の惑星」とはほど遠い!? 灼熱の惑星だった地球

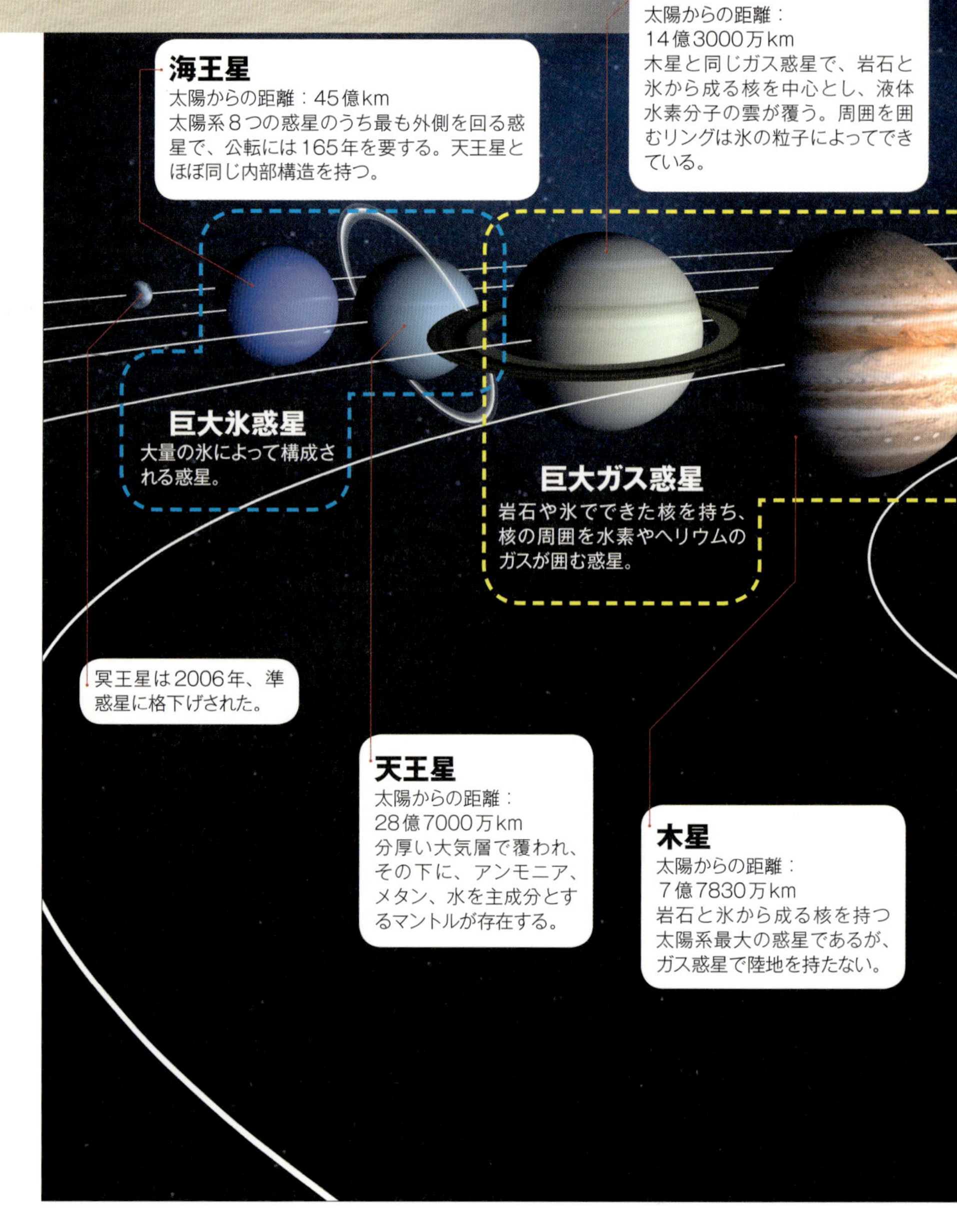

宇宙の誕生

生命の星・地球は、約46億年前に誕生したとされているが、それが宇宙誕生の話ともなれば、途方もなく過去の話である。

米航空宇宙局(NASA)の観測によって、これまで宇宙は137億年前に誕生したというのが定説であった。

しかし近年、欧州宇宙機関(ESA)の最新の研究結果から、さらに1億年遡って、**138億年前に宇宙が誕生していたことが明らかにされている。**

では、138億年前、宇宙はどのように始まったのか。地球誕生の話をする前に、宇宙誕生のシナリオについて簡単に触れておこう。

現在、多くの研究者は「宇宙は無から誕生し、ビッグバンに至った」と考えている。無からミクロな宇宙が出現し、一瞬にして膨張（インフレーション）を引き起こしたという。その膨張は、誕生から10^{-36}秒後から10^{-34}秒後の間に、体積の桁が数十桁も変わるすさまじいものだった。

誕生から10^{-27}秒後、宇宙は超高温、高密度の火の玉状態となった。これがビッグバンである。このとき、インフレーションを引き起こしたそのエネルギーによって、物質の元となる粒子が誕生している。

始まりは灼熱のマグマの海

10^{23}度という超高温の状態だった宇宙は次第に冷え、38万年後には約3000度になった。このとき、のちに星を作る材料となる水素原子、ヘリウム原子が生まれている。現在の宇宙に水素とヘリウムが多いのは、この時代の名残である。

誕生から数億年後、水素やヘリウムをはじめとする原子が結合して超高温のガスの塊を作り、星が誕生した。しかし、寿命がくると自ら爆発を起こし(「**超新星爆発**」と呼ばれる)、星を作っていた物質を宇宙空間へとばら撒いた。撒かれた材料から、再び新しい星が誕生した。

この星の消滅と誕生を何世代も繰り返し、今から46億年前、銀河系の片隅で、太陽と太陽系の形成が始まったのだ。

地球の誕生！　生命誕生！　大酸化事変
46億年前　40億年前　35億年前　30億年前

太陽の誕生と太陽系の惑星

火星
太陽からの距離：2億2790万km
鉄・ニッケル合金と硫化鉄の核を持ち、自転軸の傾きや自転周期など地球との類似点が多い。また、地球同様ハビタブルゾーン内に含まれている。

金星
太陽からの距離：１億820万km
地球とほぼ同じ大きさであるが、ハビタブルゾーンには含まれない。硫酸性の雲に覆われ、地上の気温は464℃に達する。

岩石惑星
金属や鉱物などの成分で構成される惑星。

地球
太陽からの距離：１億4960万km
核が固体の内核と、液体の外核に分かれる。地殻の下ではマントルが対流し火山活動を引き起こす。外核の流れが起こす磁場が発生している。

水星
太陽からの距離：5790万km
太陽系の８つの惑星のうち最も内側を回る最小の惑星。全質量の８割を鉄・ニッケル合金の核が占める。

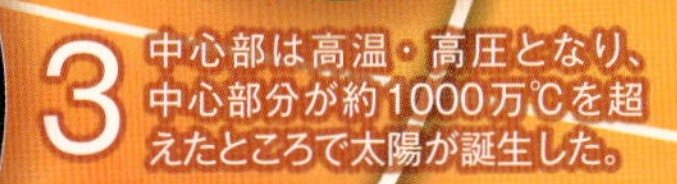

3 中心部は高温・高圧となり、中心部分が約1000万℃を超えたところで太陽が誕生した。

2 分子雲の密度が最も高い部分にガスが集まって回転を始め、周囲にあるガスや塵が中心に集まり、上下に噴射される。

1 超新星爆発によって放出された星間ガスのなかに含まれる質量の高い金やウランなど、多くの元素が集まった分子雲が形成される。

星の爆発によって飛び散ったガスや塵が引力で引き寄せられ、高圧・高温の状態となり、太陽が生まれた。さらに、太陽の周りを回っていた残りのガスや塵が集積して**微惑星**と呼ばれる塊が誕生した。これが惑星のタネとなった。

微惑星同士が衝突、合体を繰り返し、**水星、金星そして木星に続いて地球が誕生した。**

ただ、誕生したばかりの地球は、最初から今のような「水の惑星」だったわけではない。微惑星や隕石などが頻繁に落下し、衝突による熱や水蒸気による温室効果によって、地表の温度は1200度を超えていた。**「マグマオーシャン」と呼ばれるマグマの海が広がる灼熱の世界だったのである。**

地球の仕組み大解剖

どのようにマグマオーシャンから水の惑星へ生まれ変わったのか？

マグマオーシャンの凝固

誕生時はマグマに覆われた灼熱の世界だった地球が、水の世界へと変貌したのはなぜか。

水を獲得できた最大の理由は、太陽からの絶妙な距離と地球の絶妙な大きさにあるのだが（詳細は15ページ参照）、もうひとつ、地球が岩石からなる星であることも要因であった。**地殻が存在することで、降った雨を受け止めることができるからだ。**

たとえば天王星のような氷の惑星では、液体としての水は存在できないだろうし、木星のようなガス体の惑星では、雨が降っても蒸発してしまい、ためることができないだろう。

では、水をたたえる星となるのに必要な地殻は、マグマオーシャンからどのようにして生まれたのだろうか。

マグマはドロドロに溶けていたため、鉄やニッケルなどの重い（密度の高い）金属は地球の中心部へと沈んでいき、やがて核を形成した（金属の世界）。一方、とり残されたマグマは、マントルや地殻の元になった（岩石の世界）。

やがて微惑星が衝突する回数が減ると、地球の表面の温度は下がり始め、マグマも冷えて固まったことで、地表を覆うように地殻が作られた。

こうして地球には、核・マントル・地殻からなる3層構造が生まれたのである。

核、マントル、地殻の3層構造ができている

では、現在の地球内部の様子を詳しく見てみよう。

マグマが冷え固まった地殻は、陸地で30〜60km、海で6〜7kmの厚さを持つ（この違いについては20ページ）。

その下には、地球の80％以上を占めるマントルがある。これはもともとケイ酸塩を多く含む鉱物・**カンラン石**が、溶けた状態でマグマオーシャンの上層部に残っていたものだ。それが結晶を作って、厚いマントルを形成している。

さらに結晶構造の違いから、地表から深さ660km地点で、上部マントルと下部マントルに分けられる。下部マントルではカンラン石の結晶構造が別の状態で存在していると推定されている。

下部マントルの下、深さ2900kmから地球の中心部までの6400kmまでが、核である。核は、鉄やニッケルなどの重い金属が地球の深部へと沈み込み、地球誕生の早い段階で中心部に集積した。そのため、核の主成分は、鉄とニッケルといった金属である。

核もまた、深さ5100kmの地点で外核と内核に分けられる。外核は鉄やニッケルが溶けた液体の状態であるが、内核はあまりにも高圧環境のため、液体ではなく固体の状態であることがわかっている。

Column ハビタブルゾーンとは？

太陽から3番目の軌道上に収まった地球は、のちの生命誕生につながる水が存在できる条件を備えていた。

太陽と地球の距離は1億4960万kmで、蒸発することも凍りつくこともなく水が液体として存在できる絶妙な距離に位置していた。

この距離を「ハビタブルゾーン（生命生存可能領域）」と呼ぶ。

さらに、惑星の大きさも重要な要素である。

サイズが小さければ重力が弱くなるため、水は蒸発しやすい。

その点においても、地球は豊かな水を

地球の内部構造

地球の内部は２部構造の核を、マントルが覆う構造となっている。さらに表面を岩石を主成分とする地殻が覆っている。

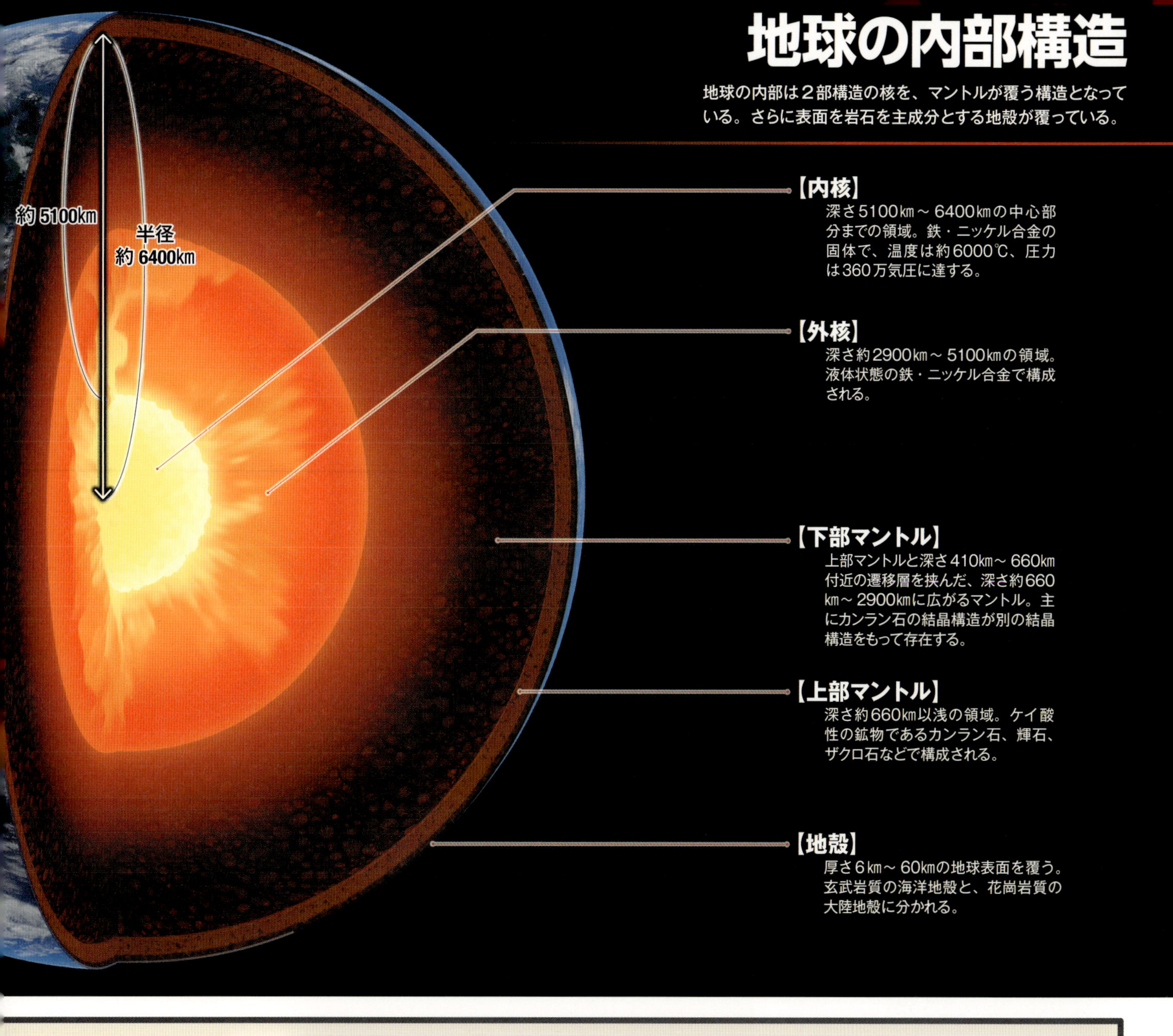

たたえることができる大きさだったのだ。今より0.6倍のサイズなら、84%の水が失われていたという試算もある。

事実、地球と同じくハビタブルゾーンの距離にありながら、火星表面に液体の水が存在しないのは、火星のサイズが小さく、重力が弱いことが一因である。

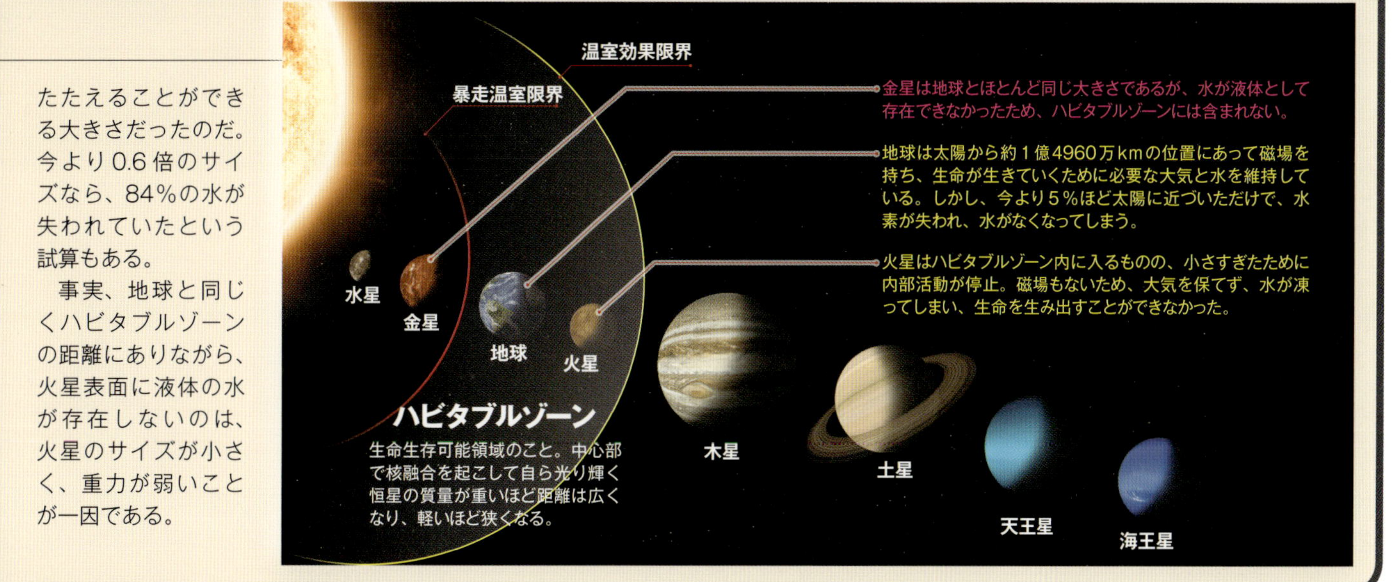

月誕生の不思議

地球の一部から誕生？ 月はどのように生まれたのか

小天体が衝突!?

地球が水の惑星へと近づく一方で、地球がいまだ微惑星との衝突・合体を繰り返していた**44億5000万年前、地球にとって欠かせない衛星「月」が誕生した。**

月の起源については諸説あるが、現在、有力視されているのがジャイアント・インパクト（巨大衝突）説だ。

地球誕生から1億5000万年後、現在の火星ほどの大きさを持つ小天体が、地球をかすめるようにして衝突。その衝撃はすさまじく、地球の一部がはぎとられたほどだった。そして、粉々に砕けた小天体とともに地球の破片は宇宙空間に飛び散った。

破片の多くは地球の重力で地表に落ちたとされるが、宇宙空間に散った一部は、お互いの引力で引き合いながら集合し、やがてひとつの塊を作り、地球の周囲を回り始めた。月の誕生である。

形成当初、月も地球と同じく表面がドロドロに溶けたマグマオーシャンだったが、やがて冷え固まったとされる。**月は「地球の一部」から誕生したといえるが、これを裏付けるのが、地球とほぼ同じ成分でできている点である。**

ただ月には、地球のように金属からなる核がなく、核の質量も全体の2％程度である。こうした点から、地球と同じ生成過程をたどったものではないと考えられている。

原始地球
小惑星との衝突を繰り返しながら、現在のおよそ90％の大きさまで成長していた地球。

地球の自転軸が傾いたことで四季が誕生

このジャイアント・インパクトは、月の誕生だけでなく、その後の地球に大きな影響を与えた。天体衝突の衝撃により、地球の自転軸が公転面に対して約23.4度傾いたのだ。**この傾きこそ、地球に四季がある所以（ゆえん）である。**

公転時期によって太陽の光が差し込む角度が変わり、太陽エネルギーを受ける量に差が生まれたからである。しかも自転軸の傾きがぶれることなく安定しているため、規則正しい気候変化をもたらした。

さらに、月という衛星を持ったことで地球の海に潮汐（ちょうせき）が生まれた。月が真上に来ると海面は月の引力に引き寄せられ

地球の誕生！ 生命誕生！ 大酸化事変
46億年前 40億年前 35億年前 30億年前

ジャイアント・インパクトの衝撃

NASAが作成したジャイアント・インパクトのイメージ図。地球は誕生以降、小惑星との衝突を繰り返し、44億5000万年前、火星大の小惑星と衝突した。その結果、砕け散ったマントルの塵などが地球の周りを回りだした。地球の近くを飛んでいた破片は重力に引かれて地球に落ちたが、その外側にあった塵はほかの天体との衝突を繰り返しながら、月を形成したという。これが、「ジャイアント・インパクト説」である。

小惑星テイア
44億5000万年前に原始地球と衝突した火星サイズの小惑星。月を生んだギリシア神話の女神にあやかって、「テイア」と名づけられた。

宇宙空間に巻き上げられた塵は、地球の周りを回りながら、ロシュ限界の外側(惑星や衛星が形を保ったまま互いの引力で近づける限界)を飛ぶ物質が月を形成していった。

地球を生命の星にかえた月との関係

月が形成されたことによって

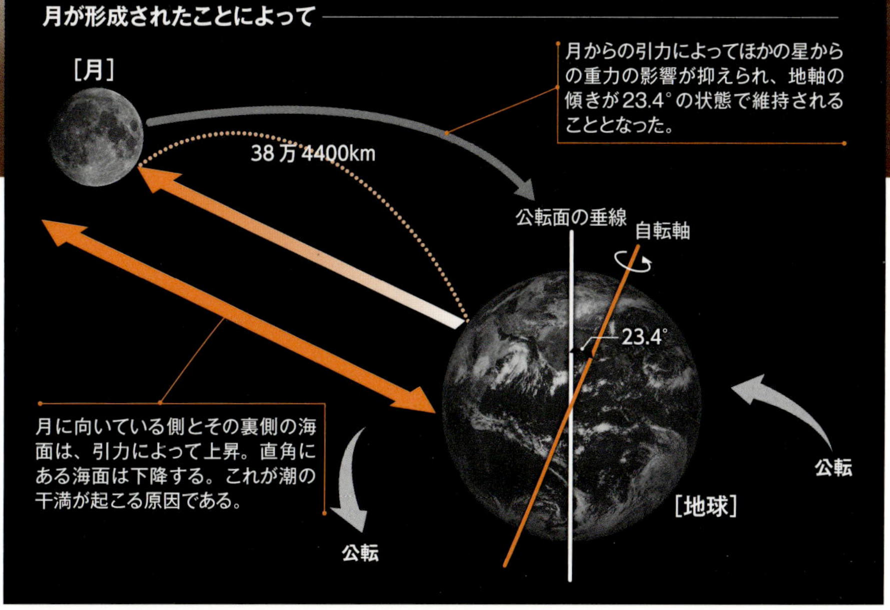

て膨れ上がり、それと同時に、反対側(地球の裏側) も遠心力が働いて外側に膨れ上がる(満潮)。一方、これらと直角にある海面は干潮になる。

ジャイアント・インパクトは、月を誕生させただけでなく、地球環境を変え、その後に現われる生物にも大きな影響を与えるのである。

44億年前〜38億年前
［冥王代］

海誕生の秘密

地球の表面を包む海の水は、どこからやって来た？

地球を水で満たした雨

微惑星の衝突が減り、落ちつき始めると、地球に海が誕生する。水の惑星と呼ぶにふさわしい姿になりつつあった。

少なくとも**38億年前までには、海は存在していたようだ**。これは、海で形成される「枕状溶岩（まくらじょうようがん）」と呼ばれる溶岩が、グリーンランドで発見され、最も古い生成年代が38億年前を示していたからである。

とはいえ、そもそも水がなければ海はできない。では、その水はどこから来たのだろうか。一般に考えられているシナリオは次の通りだ。

マグマオーシャンの状態だった地球は、ほぼ**水蒸気と二酸化炭素からなる原始大気で覆われていた**。微惑星の衝突が減って次第に地球が冷え始めると、原始大気中の水蒸気は雲となり、ついには地表に雨を降らせた。雨が降ることで周りの原始大気がより冷やされ、さらに雨が降るというサイクルが生まれた。

降り続く雨によってマグマオーシャンは急速に冷やされ、地表に地殻を形成。その上に雨水がたまり始め、やがて海が出現するまでになった。**ただ、このときの海の温度は、まだ100度以上あったと考えられている。**

仮説❶：原始地球に衝突した微惑星が蒸発して大気を形成。地表が冷え始めると大気は水となって降り注ぎ海となった。

磁場の発生が生命誕生の環境を作った

海の誕生と並行して、地球の周りでは、N極とS極で知られる磁場（じば）も発生した。**いつ頃発生したかは、はっきりしないが、地球が誕生した頃には、弱い磁場があったと考えられている。**

地球が磁場を持つようになった理由もよくわかっていない。

最初に小さな磁場があったところに、液体として存在する外核が、激しく対流を始めたことにより、起電力が生じ、地球内部に電流が流れたという説がある。この電流がさらに磁場を強め、その磁場がまた電流を生むという、発電機と同じ理屈が考えられている。

しかしこの説では、最初に磁場の存在が必要であり、地球がどのように最初の磁場を獲得したかは謎のままである。

ともあれ、地球内部で変化が起こり、地球磁場が今日のように強くなったのは、およそ27億年前のこととされる。

この地球磁場の形成は、生命誕生とその後の進化において重要な意味を持っていた。磁場が地球全体を覆うことにより、太陽から放出される太陽風（プラズマ粒子）や宇宙線をさえぎるバリアの役割を果たしたからだ。もしこれがなければ、たとえ生命が誕生しても、太陽風や宇宙線に細胞は傷つけられ、生物は生きながらえることはできなかっただろう。

海が誕生し、磁場が形成されたことで、地球に生命誕生と進化の環境が整ったのである。

地球の誕生！ 生命誕生！ 大酸化事変
46億年前 40億年前 35億年前 30億年前

地球に水をもたらしたものとは？

近年の調査により、ジャイアント・インパクト以前の地球は、すでに気温が下がっており、水が存在することができたことが指摘されている。ただし、水がどのように生まれたのかについては、いくつかの説が挙げられている。

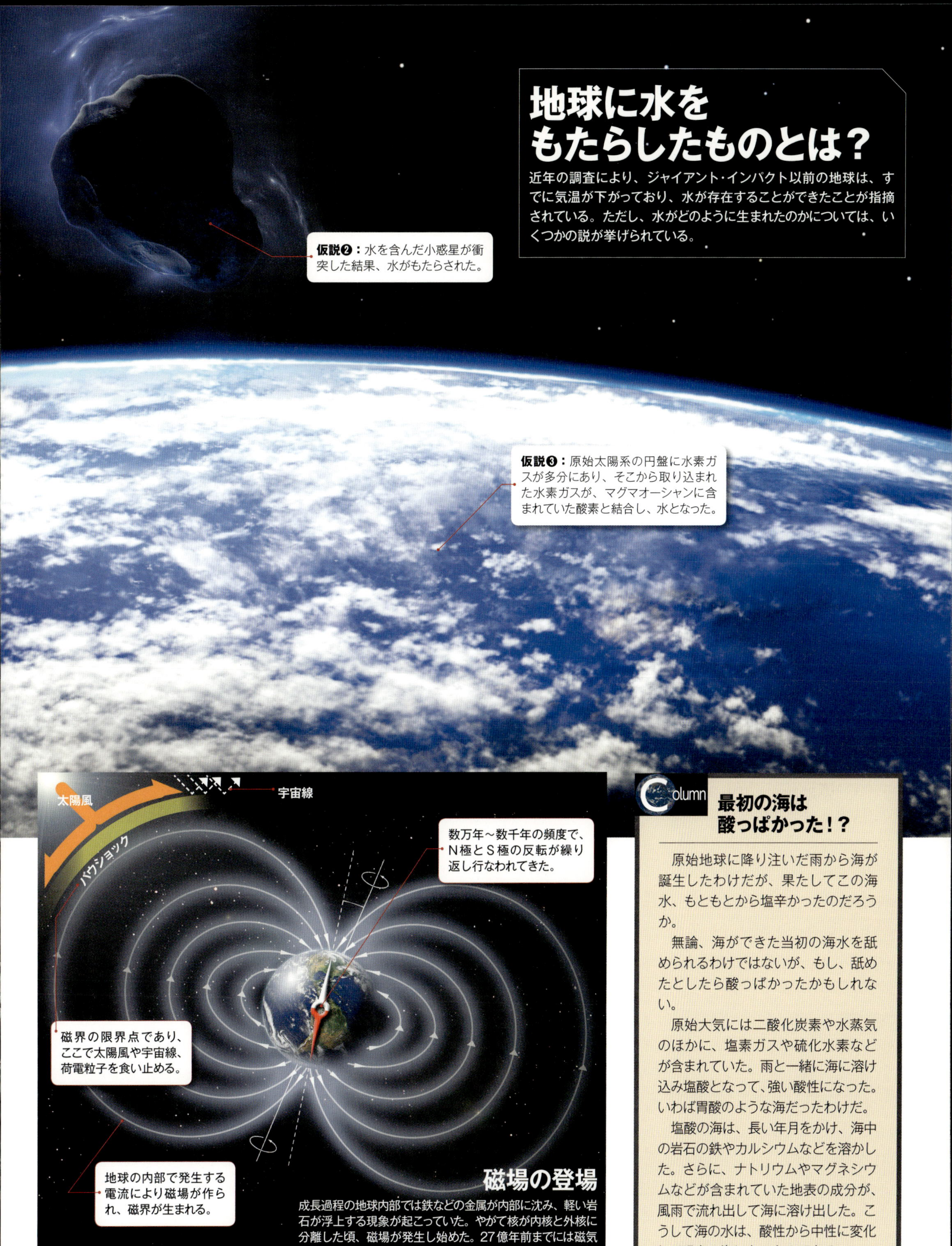

磁場の登場

成長過程の地球内部では鉄などの金属が内部に沈み、軽い岩石が浮上する現象が起こっていた。やがて核が内核と外核に分離した頃、磁場が発生し始めた。27億年前までには磁気圏が形成され、太陽から放出される太陽風や宇宙線から地球を守る役割を果たすようになった。

Column 最初の海は酸っぱかった！？

原始地球に降り注いだ雨から海が誕生したわけだが、果たしてこの海水、もともとから塩辛かったのだろうか。

無論、海ができた当初の海水を舐められるわけではないが、もし、舐めたとしたら酸っぱかったかもしれない。

原始大気には二酸化炭素や水蒸気のほかに、塩素ガスや硫化水素などが含まれていた。雨と一緒に海に溶け込み塩酸となって、強い酸性になった。いわば胃酸のような海だったわけだ。

塩酸の海は、長い年月をかけ、海中の岩石の鉄やカルシウムなどを溶かした。さらに、ナトリウムやマグネシウムなどが含まれていた地表の成分が、風雨で流れ出して海に溶け出した。こうして海の水は、酸性から中性に変化して現在の海になったのである。

大陸はこうして生まれた！

地球は海だけの世界だった!? 大陸はいつ生まれたのか？

ふたつの地殻

今では想像もつかない光景だが、地球に海が誕生した頃、大陸は存在せず、どこまでも海だけが広がる世界だった。

42億8000万年前頃になって、ようやく大陸が出現したと考えられている。

この大陸を形作る「大陸地殻」は、じつは海底を作る「海洋地殻」とは、そもそも構成する岩石がまったく異なっている。これまで「地殻」とひと言で括(くく)ってきたが、地球は、大陸地殻と海洋地殻という2種類の地殻で覆われているのだ。これはほかの惑星に見られない特徴のひとつである。

大陸地殻は、主にマグマが冷えて固まった花崗岩(かこうがん)や火山活動などで流出した安山岩(あんざんがん)などで構成され、厚さは30～60kmほどになる。

一方、海洋地殻は主にマグマオーシャンが冷えて固まった玄武岩(げんぶがん)で作られ、厚さも6～7kmと薄い。

なぜ異なる種類の地殻が作られたのか、また、両者はどのようにして生じたのか、その仕組みは長い間謎とされてきたが、近年の研究で解明され始めている。

海洋地殻から生まれた大陸

そのシナリオによると、大陸地殻はじつは海洋地殻から生み出されたものだ。

地球の冷却以来、地球全体を覆っていた海洋地殻がプレート運動によって、マントル内部に沈み込んだのが始まりである。海洋地殻の岩石が海水を流入させながら沈み込むと、マントルの一部が融解し、混ざり合って**マグマ**が作られる。

さらにこのマグマが上昇して海洋地殻を溶かすと、両者が混ざり合って新たな地殻を作り出した。この地殻の主成分はまだ玄武岩質であり、海洋地殻に似ている。

この新たな地殻は、次から次へと上昇するマグマによって繰り返し溶かされる。このとき軽い成分は上昇し、重い成分はマントルへ沈み込む。いわばふるいにかけられるわけだ。

二酸化ケイ素に富む比較的軽い成分は、上昇し花崗岩質のマグマとなる。これが冷え固まったのが大陸地殻である。

一連の工程を繰り返すことで、大陸地殻がやがて大陸へと成長するという仕組みである。

こうして海と大陸ができた地球にいよいよ生命誕生の時が訪れる。

大陸地殻はこうしてできる！

大陸は玄武岩質の海洋プレートが大陸地殻に沈み込むことによって生じるマグマからできる。太古代の海には、大陸と呼べるほどの大きさのものはなかったが、27億年前頃に全マントル対流が始まると、プレートが巨大化し大陸ができるようになった。

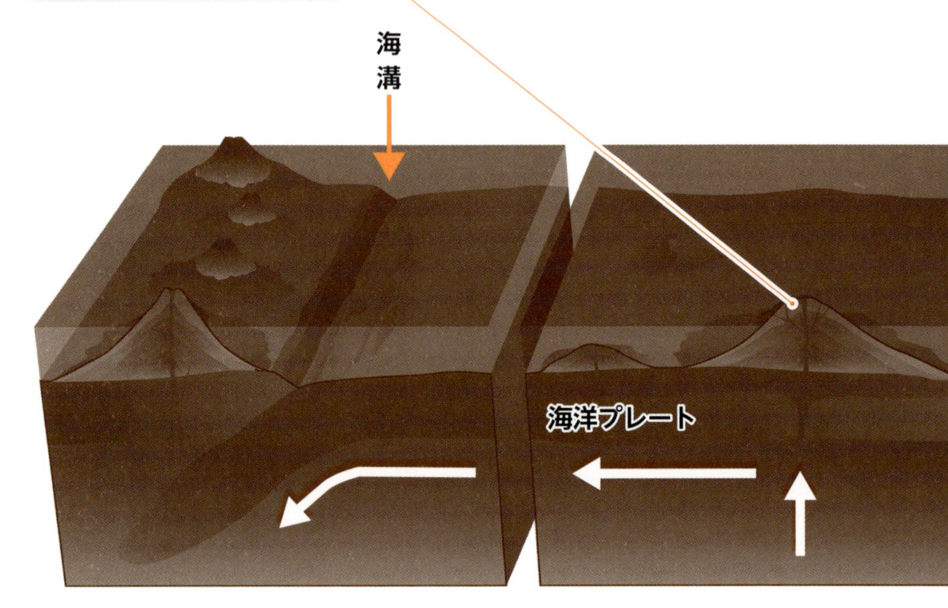

世界の地質と地球を動かす主なプレート

地球の表面は岩盤から成るプレートに覆われている。それぞれの境界面ではプレート同士が近づいたり、遠ざかったり、すれ違ったりしながら躍動している。

ユーラシアプレート
アラビアプレート
アフリカプレート
フィリピン海プレート
北アメリカプレート
カリブプレート
ココスプレート
太平洋プレート
中央海嶺
ナスカプレート
南アメリカプレート
インド・オーストラリアプレート
中央海嶺
南極プレート

0～6億年前　6～25億年前　25～40億年前　プレートの動き

Ⅱ. 海洋プレートの沈み込み

海洋プレートが地球内部へ沈み込み、マントルが溶融してマグマが形成される。マグマは周辺のマントルよりも密度が低くなるため上昇する。

Ⅲ. 大陸地殻の形成

上昇したマグマの熱で海洋地殻を溶融。互いの成分が混ざり合う。このうち、金属元素を多く含んだ重い物質が下方へ沈み、軽い岩石成分のみが分離して上昇。花崗岩や安山岩、流紋岩(りゅうもんがん)の大陸地殻を形成していく。

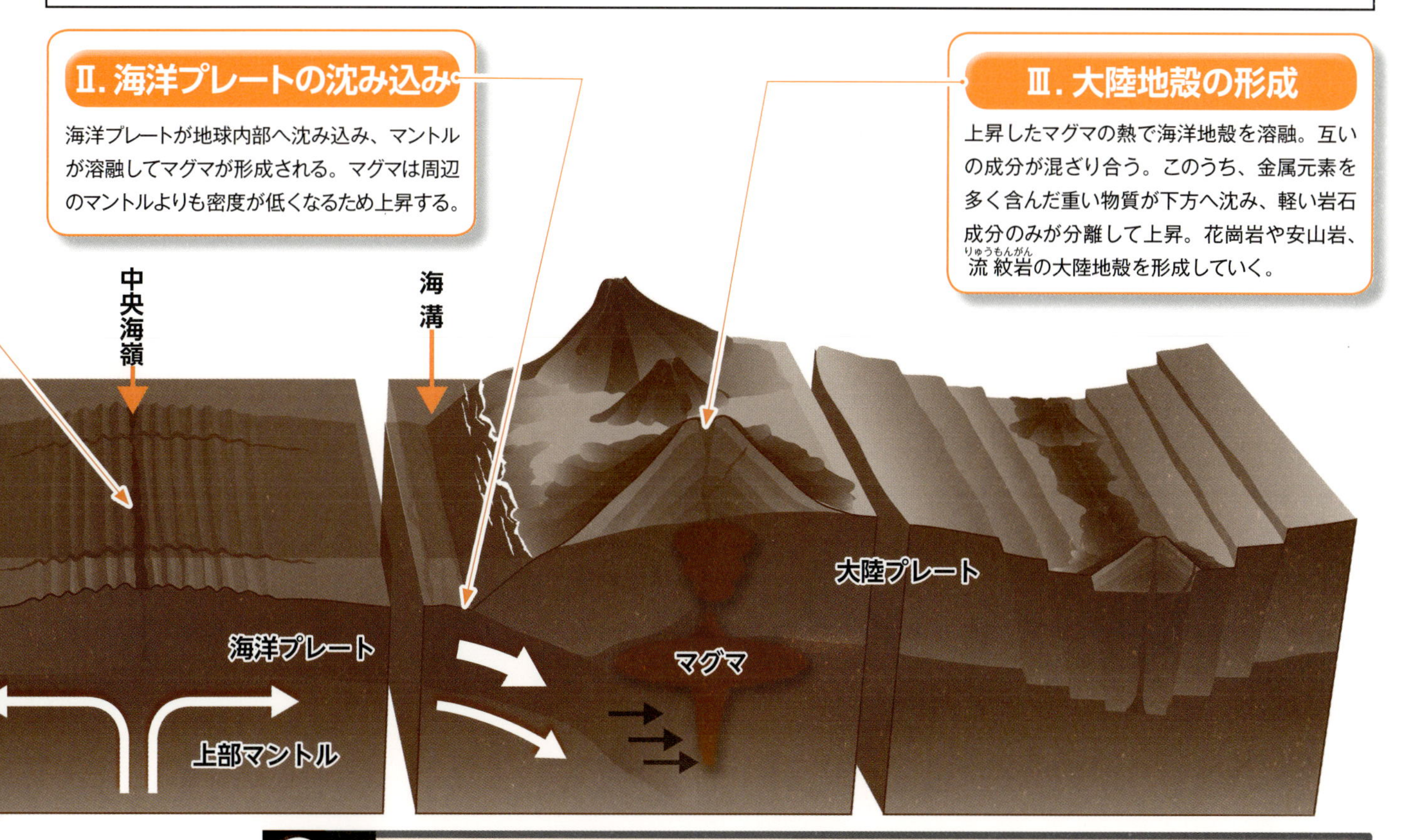

Column　マグマが生まれる条件

海水があるにもかかわらず、岩石が溶けるという現象に疑問を持つかもしれない。

しかしマグマが形成されるためには、温度の高さと圧力の低さ、そして水の３つの条件が必要となるのだ。

マントル自体は固体で岩石である。温度は地下深くに行くほど高くなり、溶けやすくなる。しかし圧力は高くなると溶け始める温度も高くなり、圧力が低ければ、溶け始める温度も低くてすむようになる（融点が低くなるため）。

水が加わることで、融点がさらに下がり、岩石はより溶けやすくなるのだ。

たとえば海洋プレートが沈み込むと、温度は上昇する。そして海洋プレートとともに引き込まれた海水が加わることで、あるところでマントル（岩石）が溶け始める。玄武岩の融解温度は0.1％の水を加えることで100度近くも引き下げられるという。

こうして一部が溶けたマントルは、密度がつりあうところまで上昇。圧力が低下するためさらに溶けやすくなり、マグマが形成されるのだ。

生命誕生の奇跡

熱水噴出孔の周辺に生じた小さな命！ 最初の生命はどんな生物だった？

生命はどこから来たのか？

海と大陸ができた地球に、ついに生命が誕生した。40億〜38億年前頃と推定されている。

これまで生命化石として35億年前の化石が最古のものとされてきたが、2016年9月、グリーンランドで37億年前の岩石から藍藻類（らんそうるい）と堆積物が何層にも積み重なった化石（ストロマトライト）が発見されたという報告がなされている。

生命誕生の瞬間を探そうとするとき、問題になるのが、**水、エネルギー、有機物（アミノ酸など）**の3つの要素が存在する場所である。

なかでも有機物がどこから来たのかという問題は、未だわかっていない。

アメリカの化学者スタンレー・ミラーは、1953年に原始地球の大気の成分と考えられていたメタン・アンモニア・水蒸気などをガラス容器に入れて高電圧の放電を行なったところ、アミノ酸などの有機物が生成できることを突き止めた。このため、大気起源説を唱えたが、現在では生命誕生時の原始大気は二酸化炭素、窒素、水蒸気などからなり、ミラーが想定した大気とは異なるため、この説は否定されている。

そこで近年浮上しているのが熱水起源説と宇宙起源説である。1979年、

生命の誕生過程

生命は小惑星の落下が小康状態となった38億年前、海底で誕生したとされる。生物の生成に必要なのが、水、アミノ酸などの有機物で、これらが混ざり合い、熱エネルギーを受けて熱水噴出孔の周りで生まれたと考えられている。

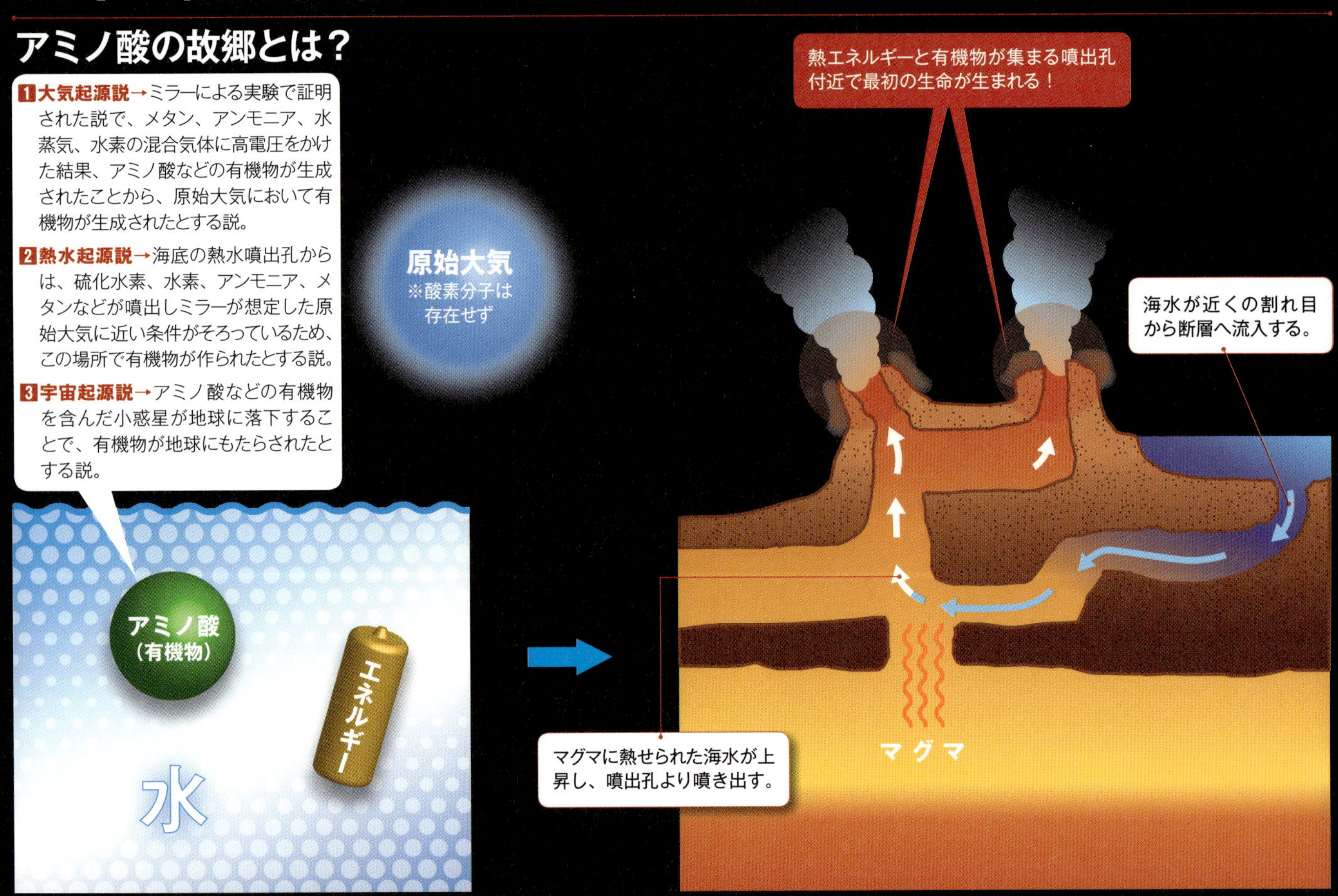

深海底においてマグマで熱せられた水が噴き出す熱水噴出孔が発見された。ここでは有機物の元となる硫化水素、アンモニア、メタンなどが噴出しており、生命誕生に近い条件がそろっていた。

しかも熱水は海水で冷やされるため、有機物が熱分解されることもない。

今日でもシロウリガイ、チューブワームなどの生物がバクテリアと共生している姿が確認できる。こうした事実から熱水噴出孔の周辺こそが、生命誕生の場として有力視されている。

しかし有機物の生成については、宇宙に100種類以上の有機物が存在していることから、**隕石の落下や彗星の接近などで地球にもたらされた**という宇宙起源説も根強くある。

今日、この有機物の起源については諸説あるが、生命誕生の場所は、熱水噴出孔のような環境だったと推測されている。

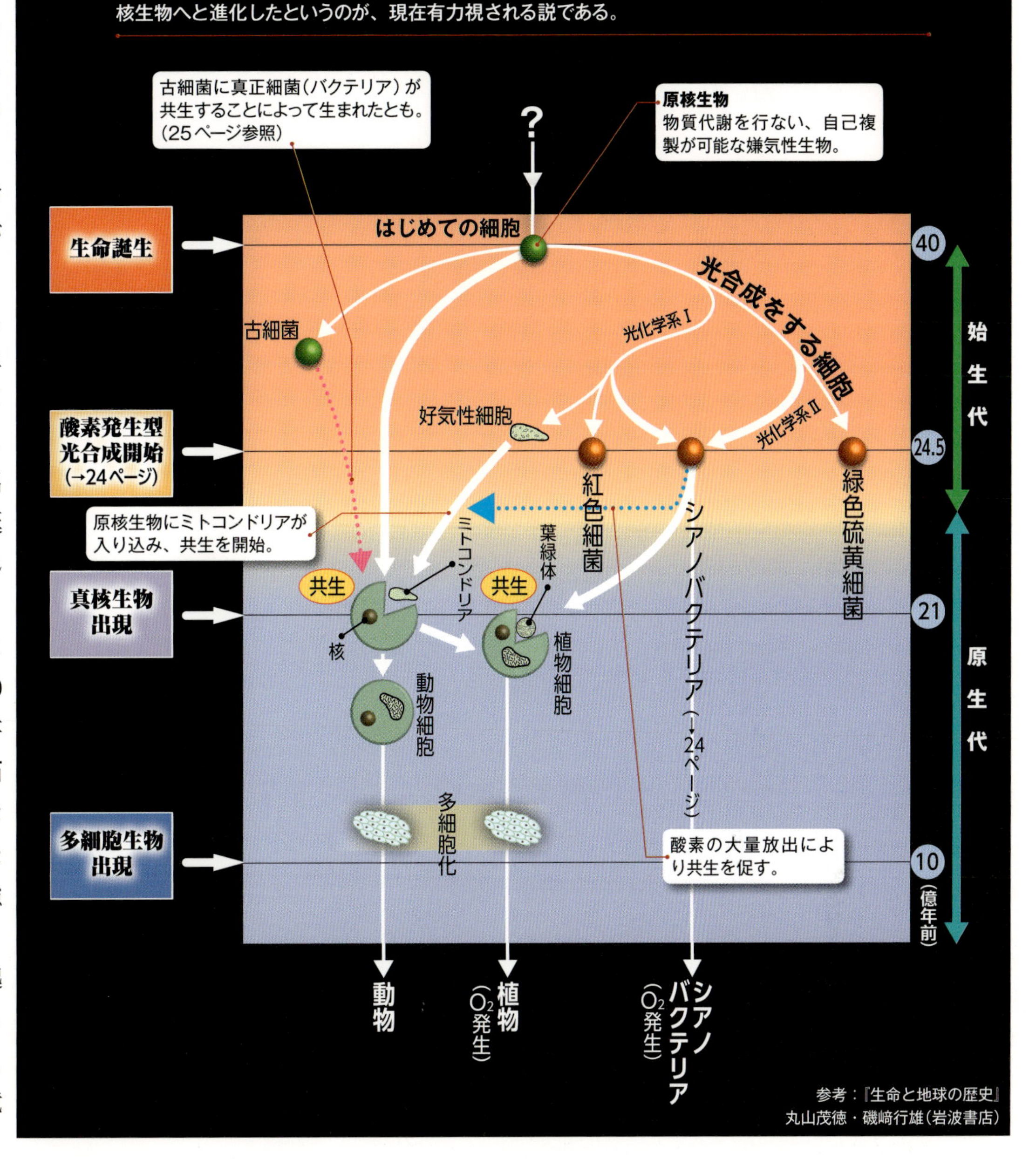

こうして生まれた生命は、原始地球の大気に酸素がまだ存在していなかったため、酸素を必要としない生物（嫌気性生物と呼ばれる）だったと考えられている。

RNAを持った細胞が先か、たんぱく質を持った細胞が先か？

生命誕生の仕組みも謎に包まれている。

地球上の生物はすべて核のなかにあって遺伝子情報を持つDNA（デオキシリボ核酸）を持っているが、その遺伝情報をRNA（リボ核酸）へとコピーし、それを設計図にしてたんぱく質を作る。

では、最初の生命はRNAを持った細胞だったのか、またはたんぱく質を持った細胞だったのか、最初の生命が、どんな分子を持っていたのか、じつはよくわかっていない。

いずれにしても、どこかで両方を備えたものに進化し、DNAを持つ生物が出現したと考えている研究者は多い。

そして、これまで最古の生命化石とされてきた35億年前の化石は、DNAが裸の状態で細胞内にある（核を持たない）生物だった。これは原核生物と呼ばれ、主に菌類などがそうだ。

生物は原核生物として出現し、その後、大酸化事変（→24ページ）の影響を受けて、DNAを守る構造を持った真核生物（核を持つ）へと進化していく。

次に生物に何が起こったのか、その過程を見ていこう。

大酸化事変

酸素濃度が１万倍に！ 何が地球の大気に酸素をもたらしたのか？

シアノバクテリアの登場

大気の主成分が二酸化炭素と水蒸気だった地球に、**大量の酸素をもたらしたのは27億年前に大発生した微生物、シアノバクテリア（藍藻類）と呼ばれる原核生物である。**

シアノバクテリアの最大の特徴は、光合成をする能力を持っていたこと。彼らが海の浅瀬で増殖することで光合成が進み、海中に大量の酸素が供給されたのだ。この時点では、海中だけの話であり、酸素は大気中にまで行き渡っていない。

酸素はまず海中の鉄イオンと結びつき、酸化鉄を作り出した。酸化鉄は沈澱し、やがて堆積層となり、縞状（しまじょう）鉄鉱層を形成した。現在、鉄鋼として使われている鉄鉱石は、ほとんどがこの縞状鉄鉱層から採掘されている。

それから約３億年後、海中の鉄イオンを消費し尽くすと、酸素は海の外、つまり大気へと広がっていった。その結果、それまでの二酸化炭素と水蒸気だけの大気から、突如として酸素濃度が１万倍に増加した大気となった。

この現象は「大酸化事変」と呼ばれる。この出来事が、やがて我々人類へと続く、酸素を使ってエネルギーを生み出す真核生物誕生のきっかけとなった。24億5000万年前のことである。

酸素をエネルギーとする真核生物の登場

酸素の爆発的な増加という環境変化で、酸素に弱い嫌気性生物は、生き残りを模索するようになった。23ページで述べた通り、原核生物はDNAを守る構造を持っていない。そこで酸化によるDNA破壊を防ぐために、DNAを核で守るという進化を遂げてみせた。真核生物の出現である。

真核生物は、核膜で囲まれた核を持ち、さらにミトコンドリア、葉緑体などの小器官を持つ複雑な細胞を構成している。

これによって、DNAを守ると同時に、酸素をエネルギーに変える手段を手に入れたのである。

より複雑な構造を持つ真核生物への進化は、のちの動物細胞、植物細胞といった多細胞生物の誕生へとつながっていく。

大酸化事変が起こるまで

27億〜24億5000万年前にかけて、光合成による酸素の生成が始まる。27億年前、酸素は海水中の鉄イオンと結びつき、縞状鉄鉱層を形成し、鉄イオンを使い尽くすと、

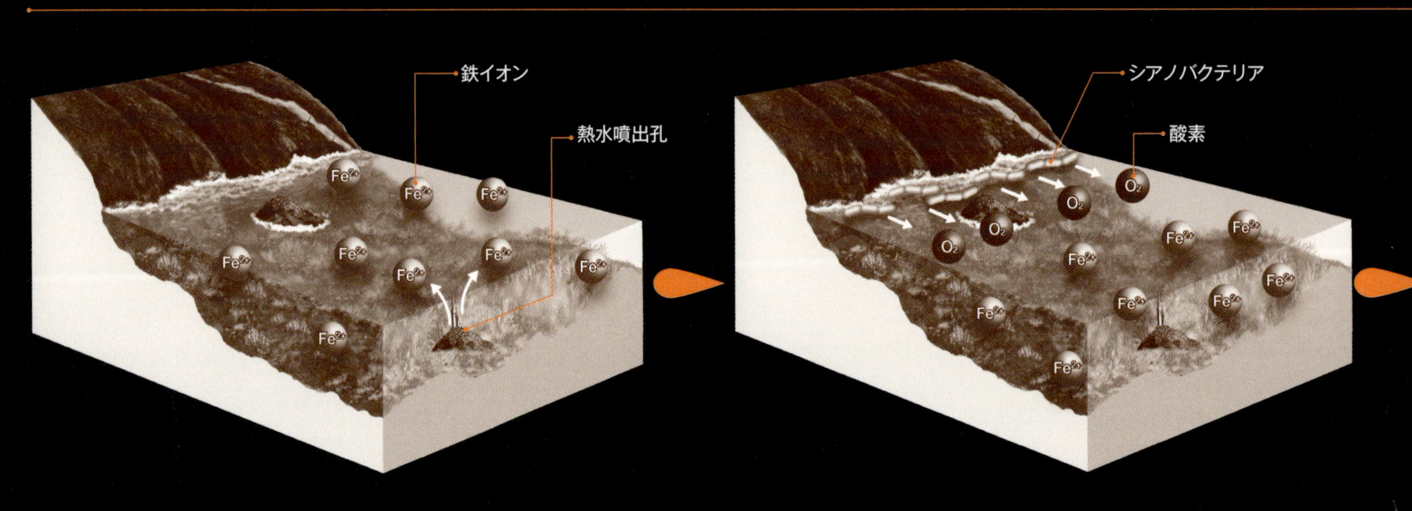

1 原始海洋
シアノバクテリアが光合成を行なって酸素を吐き出す以前の海中には、熱水噴出孔から噴き出した鉄イオンが溶けていた。

2 シアノバクテリアの登場
27億〜24億5000万年前、シアノバクテリアが浅瀬において日光を受けて光合成を開始。シアノバクテリアが堆積し始めると、海中に酸素が溶け出す。

真核細胞の登場

酸素の放出と同時に、海中では従来の嫌気性生物が姿を消し、酸素を好む好気性生物が出現。さらに原核生物同士の共生によって真核細胞が生まれたという。共生による真核細胞の誕生は、細胞生物学者のリン・マーギュリスが1967年に発表したもの。

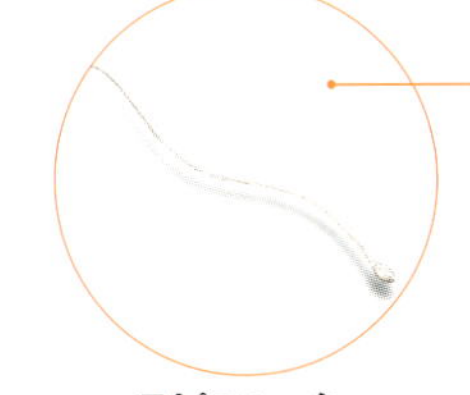

スピロヘータ
運動を行なう生物。

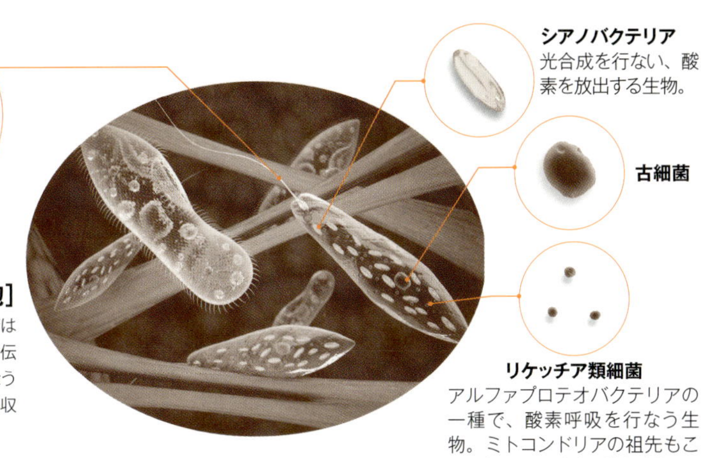

[真核細胞]

核膜で区分された核を持つ真核生物の細胞のこと。現在では3～4種類の原核生物の共生によって生まれたとされる。遺伝子を包む核を膜で覆った古細菌をベースに、酸素呼吸を行なうリケッチアと、酸素をエネルギーに変えるミトコンドリアが吸収され、真核細胞の基礎を作っていったようだ。

動物細胞と植物細胞

真核細胞のうち、シアノバクテリアを葉緑体へと進化させ光合成を獲得した細胞が植物細胞となった。一方、細胞小器官の配置を効率よくまとめる「中心体」を備えた細胞が動物細胞へと進化した。

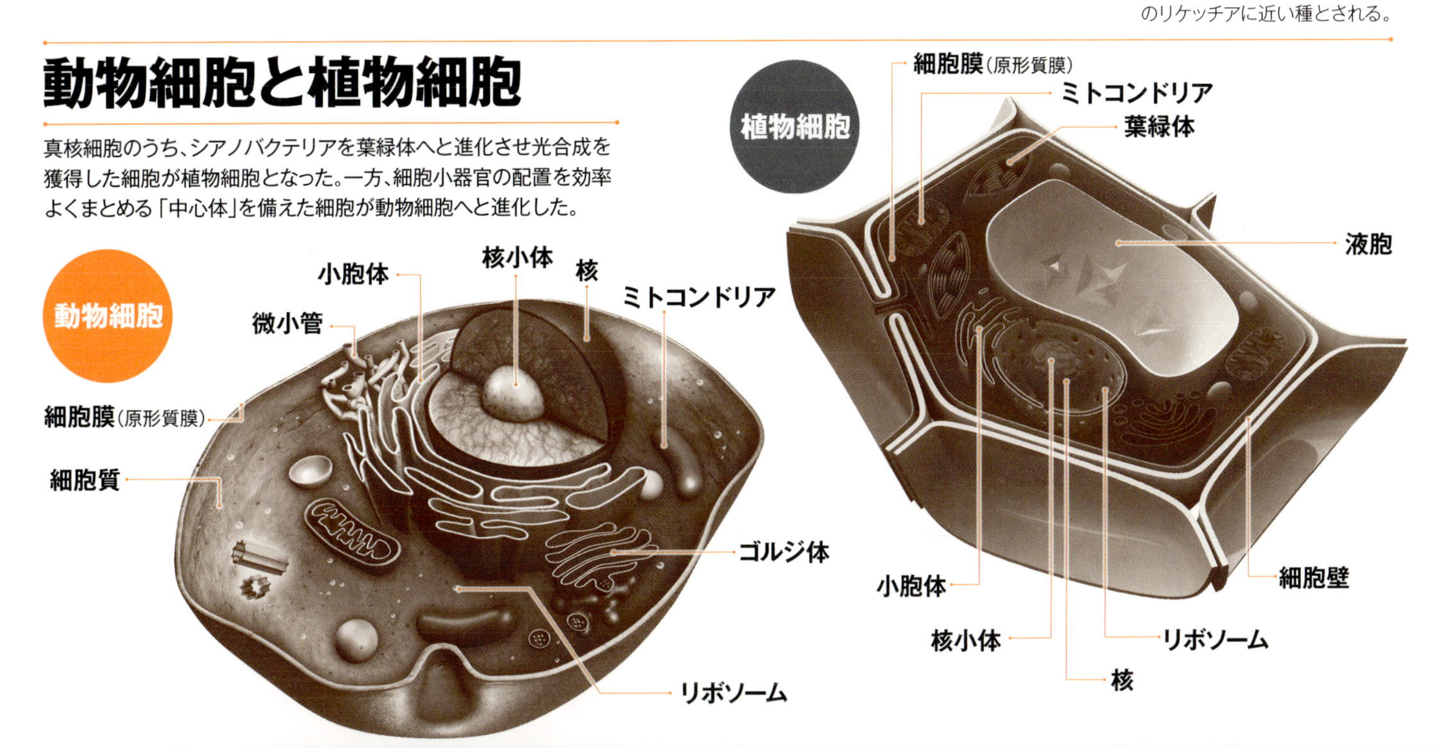

シアノバクテリア(藍藻類)が光合成を始め、大量に酸素が作られるようになったのだ。
海から大気中に飛び出したのである。

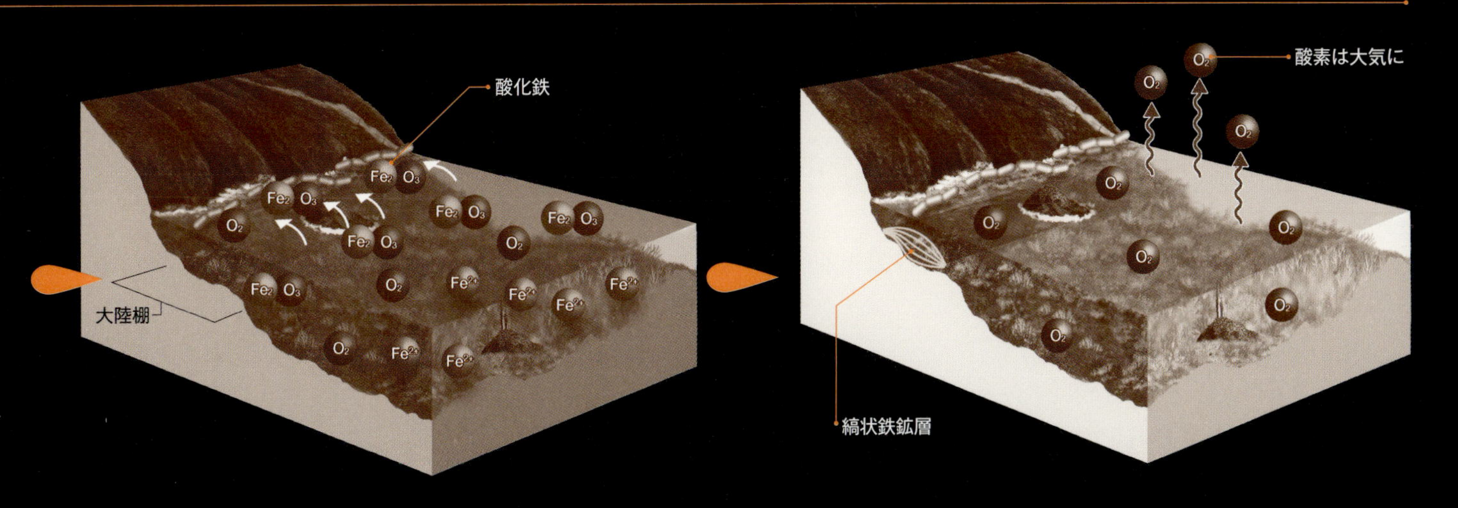

3 縞状鉄鉱層

鉄イオンと酸素が結びつき水酸化鉄となり、のちに脱水反応を起こして酸化鉄となった。酸化鉄は大陸棚に沈殿し、縞状鉄鉱層を形成。のちに造山運動などで陸地に現われることとなる。

4 大酸化事変

海中の鉄イオンが酸化しつくすと、酸素は大気中に放出される。結果、24億5000万年前に、突如として大気中の酸素濃度が1万倍以上に増えた。

ヌーナ超大陸の誕生

超大陸はひとつではない!? 大陸が集合と離散を繰り返すメカニズムとは？

超大陸ができる理由

20ページで述べたように、地球誕生から約3億年後には陸地が表出し始めたが、それがそのまま現在の形へと成長したわけではない。各所にできた陸地が集合と離散を繰り返し、何度か超大陸を形成してきた。

超大陸といえば、ウェゲナーの大陸移動説に登場するパンゲアが有名だが、じつはそれ以前に3つないし4つの超大陸が存在したといわれている。

散らばっている陸地が集まり合体し超大陸へと発展するには、長い距離を移動する必要がある。その原動力が、地球の内部で起こっていたマントルの対流である。

マントルの対流による超大陸誕生の仕組みとはこうだ。

冷えて重たくなったプレートが地球内部へ沈み込む一方で、その反動で別の場所では、熱いマントルが上昇するという対流が起こった。地球内部はかき回され、マントルが大きく動くと、その上にのっている陸地もそれに伴って動くようになる。こうしてマントルが沈み込む場所に陸地が集まるようになった。陸地は軽いためにマントルのようには沈み込めず、そこで互いに衝突して合体するというわけだ。

19億年前、今の北アメリカ大陸、グリーンランド、スカンジナビア半島の一部が集まってできたヌーナ超大陸は、こうして誕生した。以降、大陸は集合と離散を繰り返した。

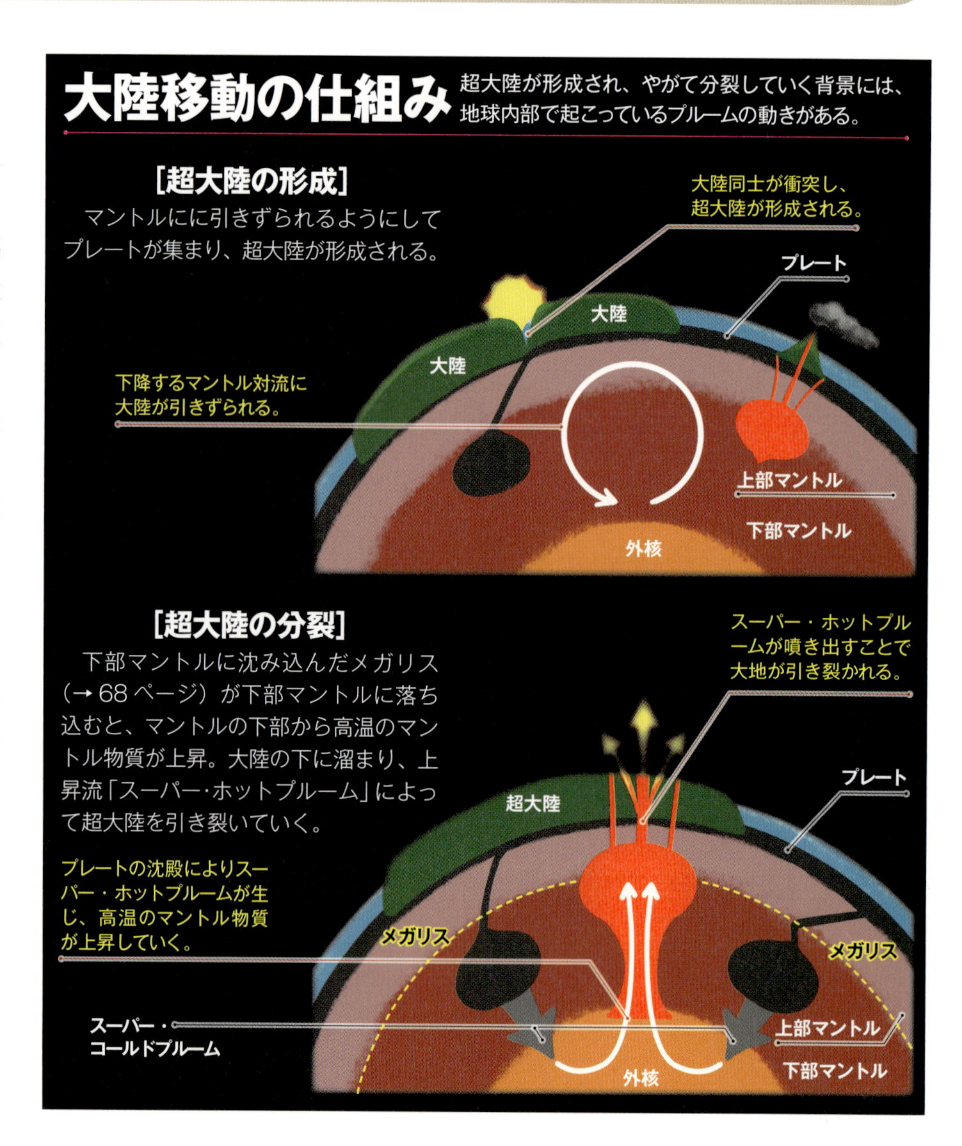

10億年前にロディニア超大陸を形成したものの、5億4200万年前には、南極から赤道に広がるゴンドワナ大陸と、現在の北アメリカとグリーンランドに当たるローレンシア大陸に分裂した。

そして約3億年前、ゴンドワナ大陸とユーラメリア大陸が衝突し、パンゲア超大陸が誕生する。パンゲアにはすでに多くの動物が存在していた。その化石や地形の痕跡により、現在の6つの大陸は、パンゲアから分裂したという大陸移動説が明らかにされたのである。

超大陸を作るプルームテクトニクスとは？

陸地がどのように集合と離散を繰り返してきたのか。ここでもう少し詳しく見ておこう。

超大陸の変遷

マントル内のプルームと、プレートの動きによって約19億年前、ヌーナと呼ばれる超大陸が形成される。以後、大陸は集合と離散を繰り返し、ロディニア、パンゲアと3つの超大陸が形成されたとされる。

ヌーナ超大陸

ヌーナ超大陸

約19億～14億年前

現在の北アメリカ大陸を中心とした大陸。

ロディニア超大陸

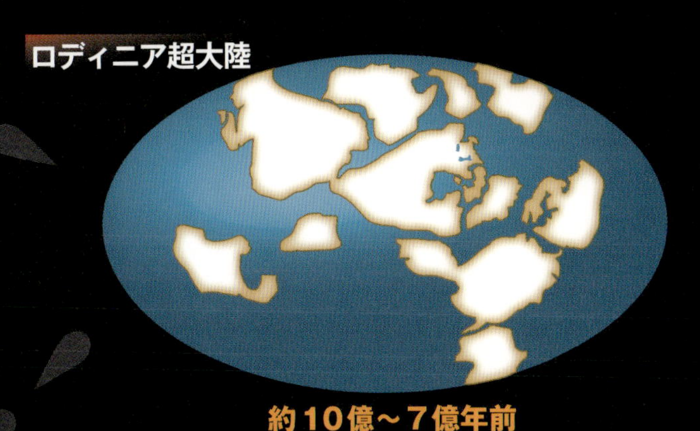

約10億～7億年前

分裂後、ゴンドワナ大陸が生まれる。

パンゲア超大陸

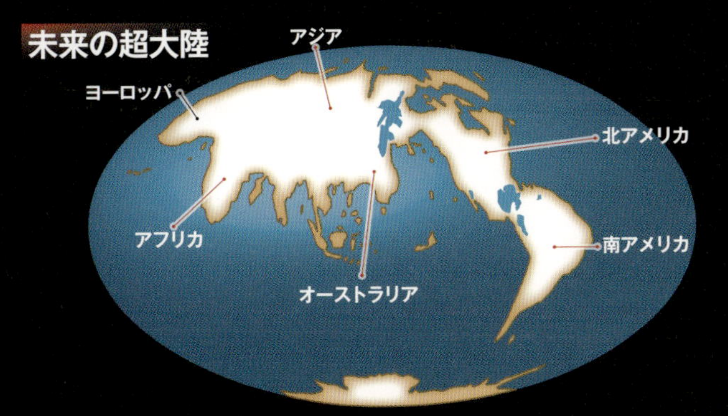

約3億年前

獣弓類が繁栄。9000万年前頃に分裂を開始し、恐竜の多様化を促す。

パンゲア分裂期

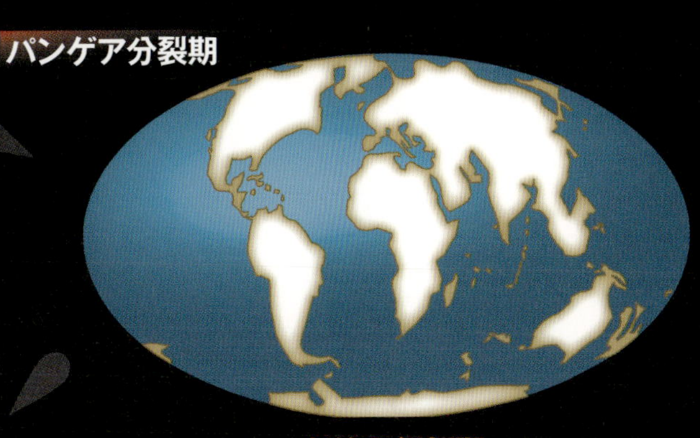

新第三紀初期

300万年前、南北アメリカ大陸がつながり、動物大交流が起こる。
第四紀の6万年前にはホモ・サピエンスが世界に拡散した。

未来の超大陸

アジア
ヨーロッパ
北アメリカ
アフリカ
南アメリカ
オーストラリア

約2.5億年後

大陸は北半球へ集合し、合体する。

出典：ヌーナ超大陸は『月刊ニュートン』（2005年5月号／ニュートンプレス）、ロディニア超大陸およびパンゲア超大陸は『46億年の地球史図鑑』（高橋典嗣／KKベストセラーズ）、パンゲア分裂期は『図解入門　最新地球史がよくわかる本［第2版］』川上紳一・東條文治（秀和システム）、未来の超大陸は『生命と地球の歴史』（丸山茂徳、磯﨑行雄／岩波書店）

これを説明するには「プルームテクトニクス」を知る必要がある。地殻とマントルの最上部を合わせて「プレート」と呼ぶが、このプレートが動くことによって陸地が移動することは、よく知られた事実だろう（プレートテクトニクス）。

しかし、地球内部にもぐりこんだプレートの行方やマントルの動きまでは、プレートテクトニクスでは説明できなかった。

そこで登場した理論がプルームテクトニクスだ。

陸地に向かって移動してきたプレートが沈み込み、いったんは陸地の下に溜まるが、ある程度溜まると、さらにマントル内部に落ち込んでいく（**コールドプルーム**）。そのとき地表では陸地がひとつに合体し、超大陸が形成される。

コールドプルームが、さらに落ち込みマントルの最下部に達すると、今度は逆に熱い上昇流が生まれる（スーパー・ホットプルーム）。これが地表まで昇ってくると、地表では激しい火山活動を引き起こし、超大陸を引き裂くのである。こうしてプルームに引きずられるようにマントル全体が対流し、その上にのっている陸地は合体と分裂を繰り返すようになったのである。

全球凍結の謎

**地球全体が凍りつき、生命のほとんどが死滅した世界の到来……
スノーボールアースはこうして起きた！**

地球はこうして凍りついた！――全球凍結に至る経過

温室効果をもたらしていた二酸化炭素が、陸地の拡大と風化によって減少し寒冷化が進行。２億年にわたって全球凍結状態が続いたという。

1 温暖な地球

原生代後期、大気中には二酸化炭素が豊富に存在したため、温室効果によって温暖な気候が保たれていた。

2 全球凍結の始まり

超大陸が分裂を始めるなかで、各地で河川の数が増加した結果、シアノバクテリアの繁殖に適した場所が増え、二酸化炭素が急速に失われていった。同時に二酸化炭素による温室効果が失われ、急速に寒冷化が進行した。

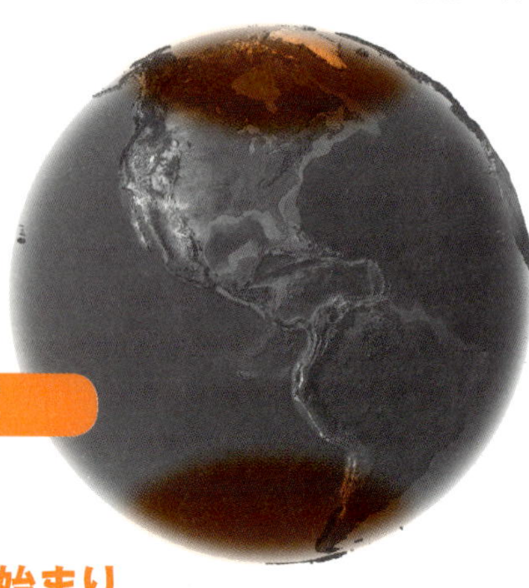

3 全球凍結

地表のすべてが凍りつき、海も厚さ1000mの氷に覆われた。

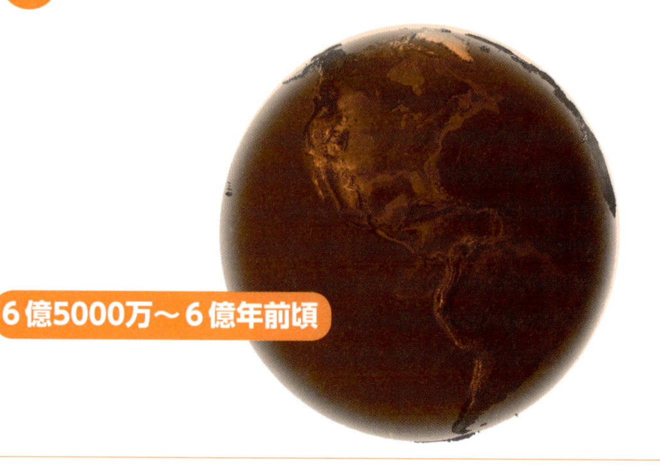

4 解凍の始まり

全球凍結の時代を通じて細々と噴出され続けていた二酸化炭素が大気中に増えた結果、再び温室効果がもたらされ、凍結状態が終わる。

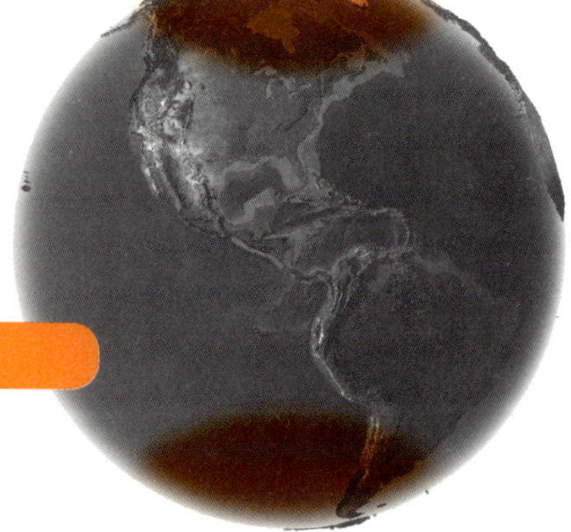

氷で覆われた地球

極地はもとより赤道までが氷に覆われ、巨大な雪玉のように地球全体が凍りついたかもしれない。**平均気温はマイナス40度。海水も凍りつき、氷の厚さは1000mにも及んだらしい。**生命という生命はほとんどが死滅。わずかな水が存在する海底に、生物がほそぼそと生きながらえていた――。

こんな世界が、ロディニア超大陸が存在していた７億～６億年前の一時期、地球に起こったという。**全球凍結（スノーボールアース）と呼ばれる仮説である。**

その根拠となったのは、赤道付近で氷河の存在を示す氷河堆積物が見つかったこと、また、炭素測定から、当時、生命活動がほとんどなかった事実が明

地球の誕生！ 生命誕生！ 大酸化事変
46億年前 40億年前 35億年前 30億年前

全球凍結時の地球

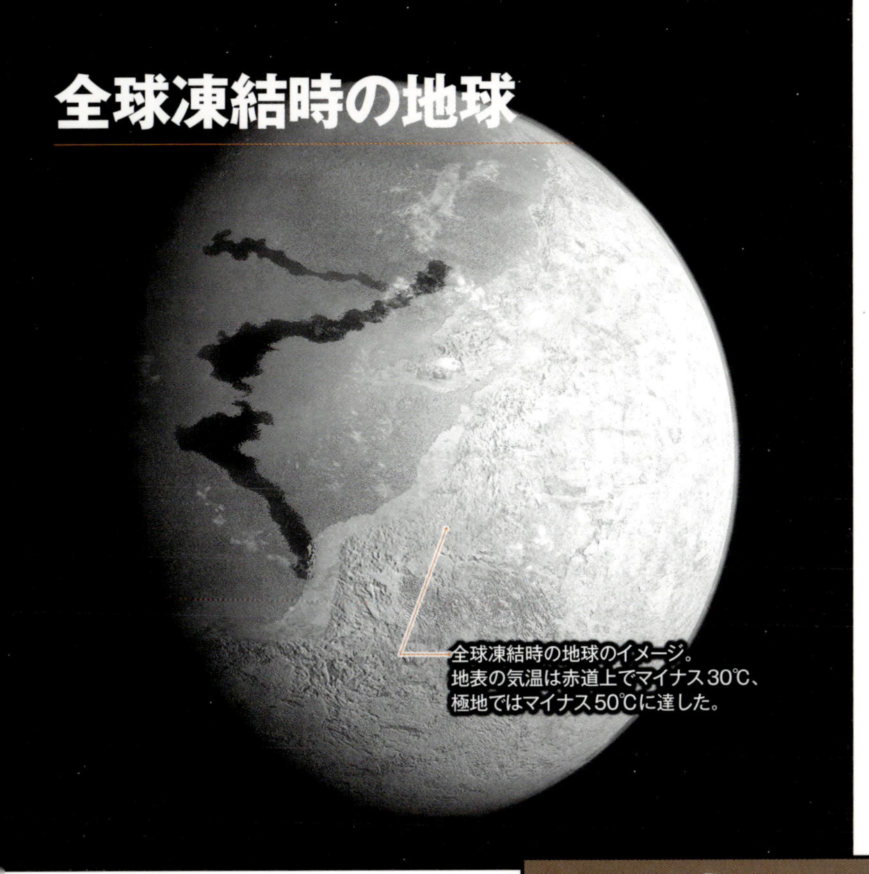

全球凍結時の地球のイメージ。
地表の気温は赤道上でマイナス30℃、
極地ではマイナス50℃に達した。

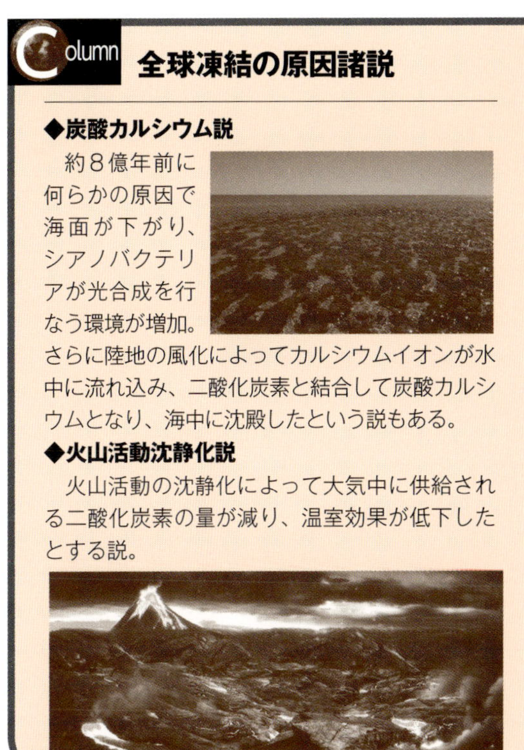

Column 全球凍結の原因諸説

◆炭酸カルシウム説

約8億年前に何らかの原因で海面が下がり、シアノバクテリアが光合成を行なう環境が増加。さらに陸地の風化によってカルシウムイオンが水中に流れ込み、二酸化炭素と結合して炭酸カルシウムとなり、海中に沈殿したという説もある。

◆火山活動沈静化説

火山活動の沈静化によって大気中に供給される二酸化炭素の量が減り、温室効果が低下したとする説。

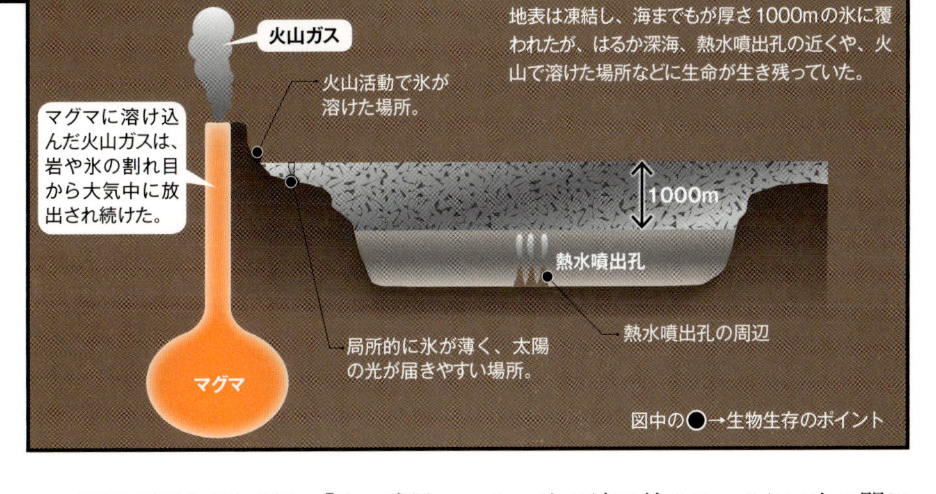

らかになったことなどだ。

では、地球に何が起こったというのか。

6億5000万年前、地球に温室効果をもたらしていた二酸化炭素濃度が、急速に減少し、気温が低下した。すると極地域は氷河に覆われ始めた。氷河は太陽光（熱エネルギー）を反射する性質があるため、地球に熱が吸収されにくくなり、さらに地球を冷え込ませた。こうして氷河の面積は拡大。

するとますます太陽光の熱の吸収は阻害され、地球の寒冷化が加速度的に進んだ。そしてついには、赤道まで氷に覆われる「氷の惑星」になったのである。

では、なぜ二酸化炭素濃度は減少したのか。その原因についてはいまだ謎が多い。**火山活動が鈍り二酸化炭素の供給が急激に低下した説、シアノバクテリアの光合成が過剰に行なわれたために二酸化炭素濃度が低下したとする説などがあるが、決定打にはなっていない。**

スノーボールアースからの復活劇

この仮説が事実だとすると、もうひとつの疑問が浮かび上がる。「氷の惑星」となった地球は、どのようにして現在のような「水の惑星」をとり戻したのか。

ひとつのシナリオはこうだ。

全球凍結の状態にあっても、海底や地下深くにおいてマグマの活動は続き、二酸化炭素を含む火山ガスは放出され続けていた。生物は壊滅していたため光合成には使われず、また氷の海にも吸収されないので、二酸化炭素は大気に蓄積され続けた。凍結から数千万年後には、大気中の二酸化炭素は現在の400倍にも達した。

すると温室効果によって気温が高くなり、氷が溶け始める。さらに氷に閉じ込められていた温室効果を持つメタンも放出され、それまでの寒冷化から一転、温暖化が始まった。**一説では、全球凍結期とうって変わって地表の平均気温は50度にも上昇していたという。**

海でも変化が起きた。氷に溶けていた二酸化炭素が海水に溶け込んだ。また、海水温が上がり風雨が起こったことで、岩石に含まれていた栄養分が海に流出した。

すると海で光合成をする生物が繁殖し、再び酸素が大量に生成される環境が生まれたのである。

地球史上初めて１ｍを超える大型動物が出現！ フシギな軟体生物の楽園とは？

軟体生物の世界

全球凍結ですべての生物が死滅したわけではなく、火山活動で熱いお湯が湧き出ているような場所で、ほそぼそと生き延びた生物がいた。そのなかからやがて、複数の細胞が集まってひとつの生命体を作る多細胞生物へと進化するものが現われる。

その代表的な生物群が5億7000万年前に出現した「エディアカラ生物群」である。殻や骨がない軟体性の海洋生物だったと考えられている。無論、目や歯、足を持たず、循環器も消化器もなかった。葉のような形をした「チャルニオディスクス」、チューブが集まって楕円形をしている「ディッキンソニア」などが、化石として見つかっている。**大きさも1mに達するものがあり、地球史上初めての大型動物が現われた。**

これらの生物は皮膚を通して体の代謝を行なっていたとも、体内に大量の光合成生物を寄生させて共生していたともいわれている。一方で自然界に「食う・食われる」の生存競争はなく、そうした争いのない世界を旧約聖書の「エデンの園」になぞらえて、「エディアカラの園」と呼んでいる。

生物進化に不可欠だった酸素

このような生物相、つまり多細胞生物の誕生を可能にしたのは、全球凍結から回復した後に、酸素濃度が急速に高まったことにある。

酸素は、細胞にとって栄養を分解してエネルギーに変えるのに必要な元素であると同時に、細胞自身を傷つける元素でもある。そこでなるべく酸素から身を守るため、細胞同士が集まることで多細胞へと進化したという。

ほかにもコラーゲンの生成が多細胞生物を誕生させたという説もある。

大気中の酸素濃度が上昇したことで、それまでの単細胞生物はこの酸素を利用して、コラーゲンというたんぱく質を作り出した。細胞同士を結び付ける働きのあるコラーゲンができたことで、多細胞が誕生したというわけだ。

いずれにしても酸素の存在が、生物進化にかかわっていたことは間違いない。

24億5000万年前にあった「大酸化事変」を思い出してほしい（24ページ）。原核生物から真核生物へと進化を遂げたきっかけも、やはり酸素だった。生物の進化には、酸素の存在が大きく影響していることを示しているといえるだろう。

全球凍結という生物を大量に死滅させた出来事が、一方で酸素濃度を上げる環境を作り、生物の飛躍的な進化を促していたのである。

エディアカラ生物群

ディッキンソニア

体長約60～100㎝のエディアカラ生物群を代表する軟体生物。無数の節が連なった構造で、左右がつながらずに非対称になっている。近年では藻類と共生していた菌類ではないかという説もある。

キンベレラ

体長最大約15㎝。カタツムリのような姿をした軟体生物であるが、殻のような部分から伸びる１本の腕を使って有機物を集めていたとされる。

チャルニオディスクス

体長約１ｍ。植物の葉と、円盤状の部分から成り、円盤部分で海底に直立していたと考えられている。

地球の誕生！ 生命誕生！ 大酸化事変
46億年前 40億年前 35億年前 30億年前

動物に至る系統図とエディアカラ生物群

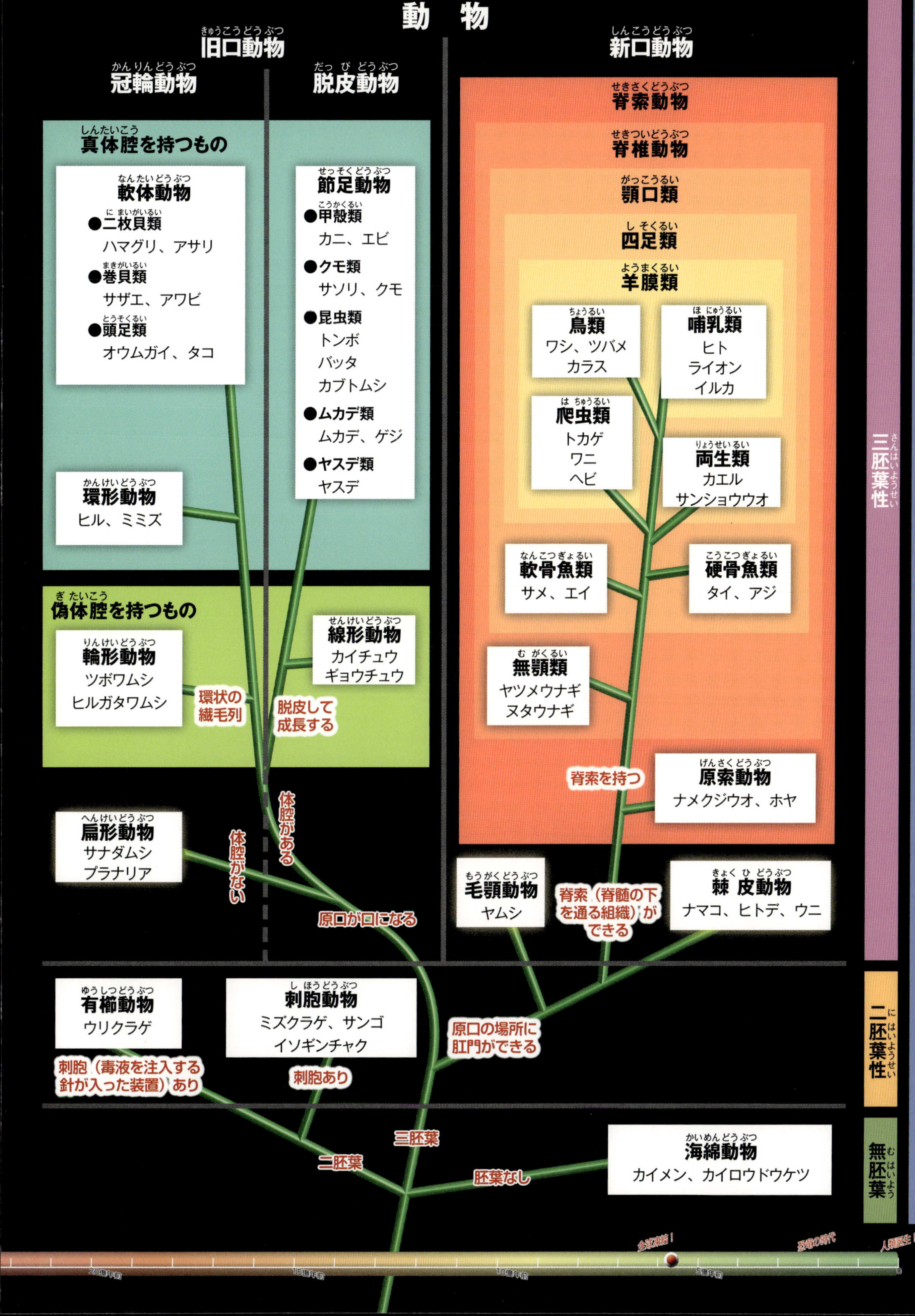

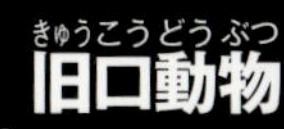

動物

旧口動物

冠輪動物

脱皮動物

真体腔を持つもの

軟体動物
- ●二枚貝類 ハマグリ、アサリ
- ●巻貝類 サザエ、アワビ
- ●頭足類 オウムガイ、タコ

節足動物
- ●甲殻類 カニ、エビ
- ●クモ類 サソリ、クモ
- ●昆虫類 トンボ、バッタ、カブトムシ
- ●ムカデ類 ムカデ、ゲジ
- ●ヤスデ類 ヤスデ

環形動物 ヒル、ミミズ

偽体腔を持つもの

輪形動物 ツボワムシ、ヒルガタワムシ

環状の繊毛列

線形動物 カイチュウ、ギョウチュウ

脱皮して成長する

体腔がある

扁形動物 サナダムシ、プラナリア

体腔がない

原口が口になる

新口動物

脊索動物

脊椎動物

顎口類

四足類

羊膜類

鳥類 ワシ、ツバメ、カラス

哺乳類 ヒト、ライオン、イルカ

爬虫類 トカゲ、ワニ、ヘビ

両生類 カエル、サンショウウオ

軟骨魚類 サメ、エイ

硬骨魚類 タイ、アジ

無顎類 ヤツメウナギ、ヌタウナギ

脊索を持つ

原索動物 ナメクジウオ、ホヤ

毛顎動物 ヤムシ

脊索（脊髄の下を通る組織）ができる

棘皮動物 ナマコ、ヒトデ、ウニ

原口の場所に肛門ができる

有櫛動物 ウリクラゲ

刺胞動物 ミズクラゲ、サンゴ、イソギンチャク

刺胞（毒液を注入する針が入った装置）あり

刺胞あり

三胚葉

二胚葉

胚葉なし

海綿動物 カイメン、カイロウドウケツ

三胚葉性

二胚葉性

無胚葉

多細胞生物

20億年前　15億年前　10億年前　5億年前　0

全球凍結！　恐竜の時代　人類誕生！

Chapter01 で覚えておきたい8つのキーワード

●ビッグバン

約138億年前、無からミクロな宇宙が出現し、一瞬にして膨張を引き起こした。その膨張からわずか10^{-27}秒後、宇宙は超高温、高密度の火の玉状態となったとされる。これがビッグバン仮説である。

大爆発によって現在の宇宙になったとするこの説は、現在広く受け入れられている。このビッグバンを起源とする。このビッグバンから90億年以上経過した約46億年前、地球の形成が始まったと考えられている。

●ジャイアント・インパクト

月の形成過程を説明する学説のひとつ。地球誕生から間もない頃、原始地球に火星大の小天体が斜めに激突した。

結果、原始惑星が砕け散り、その破片や地球のマントルの破片が宇宙空間へ飛び散り、地球周辺に漂ったものが衝突を繰り返して月を形成。

一方、地球も地軸が約23.4度の傾きに固定されるなどの影響を受けた。

●真核生物

動物、植物、菌類など、身体を構成する細胞のなかに細胞核と呼ばれる細胞小器官を有する生物。

一方、バクテリアや古細菌など、真核を持たず、明確な輪郭を持つ細胞核の見られない細胞からなる生物を原核生物という。真核生物はこうした原核生物同士が共存することによって形成されたというマーギュリス博士の説が有力になりつつある。

●マグマオーシャン

地球や月の形成時期に地表を覆っていた深さ数百kmにおよぶマグマの海。微惑星や隕石などが頻繁に落下していた生成当初の地球では、地表の温度が1200度を超え、溶けたマグマで覆われていたと考えられている。

のちの冷却化によってマグマに含まれる物質が分離し、地球には、核、マントル、地殻などの層状構造が生まれた。

●磁場

地球内部の核の対流運動によって発生する磁気。太陽活動とのかかわりのほか、地殻の活動などさまざまな地球環境に影響を及ぼす。周期的にＳ極とＮ極の反転を繰り返してきた。

磁気によって地球の周囲には磁気圏が形成される。

また、磁気圏は地球ばかりではなく磁場を持つ水星、木星、土星などの惑星の周辺でも確認されている。

●地殻

地球の最外層。卵に地球をたとえると殻の部分に相当する。地球を覆っていたマグマオーシャンが冷える過程で、地表に残った比較的軽量で、融点の低い物質により構成される。

地殻は大陸地殻と海洋地殻という２種類に分かれる。前者は主にマグマが冷えて固まった花崗岩や火山活動などで流出した安山岩などで構成され、後者は玄武岩からなる。

●岩石惑星

主に岩石や金属などの難揮発性物質から構成される惑星で、太陽系では水星・金星・地球・火星の４惑星がこれにあたる。

岩石惑星は海洋の形成過程によって２種類にわけられる。１つは恒星から遠くに形成されたため、マグマオーシャンが固化して、初期海洋の形成に成功するタイプと、恒星近くに形成されたために固化に長い時間を要し、水を失ってしまうタイプである。

●プレートテクトニクス

地球の表面は十数個の堅い「プレート」によってすきまなく覆われている。このプレートが互いに遠ざかる、互いにぶつかり合う、互いに横にすべるなどといった、それらの相対運動に基づいてプレートとプレートとの境界に沿って種々の地学現象が引き起こされるとする理論。

この理論によって地殻変動が説明できる。

Chapter 02 古代生物の興亡

――5億4000万年の歴史のなかで、生物たちは
いかにして生まれ滅んだのか？

■ダンクルオステウスが
海の覇者になれた理由とは？

■脊椎動物の陸地への進出が
昆虫より遅れたのはなぜ？

■生物種の95%を滅ぼした
史上最大の災害とは？

■三畳紀初期に
三つ巴の生存競争を制した種とは？

■30mを超える種も出現！
恐竜はなぜ巨大化した？

地上を舞台に繰り広げられた
生物たちの生存競争の謎に迫る！

5億4000万年前 ［古生代／カンブリア紀］

カンブリア爆発

生物種の急増！ 硬い殻を持つ節足動物がほかの生物を圧倒する

弱肉強食の世界が生まれる

エディアカラ生物群は殻などを持たない軟体生物だったが、5億4000万年前には数百万年～1500万年という短期間に、異なる進化を遂げた生物種が爆発的に急増する。**現存する生物のグループ（門）が一気に出揃うことになり、カンブリア爆発と呼ばれた。**以降をカンブリア紀と呼ぶ。

この時代には、眼を備えた捕食動物が出現して弱肉強食の争いが激化し、それに対応するため多様化が進んだという説もある。

このときに登場した生物群の最大の特徴は、エディアカラ生物群のような軟体生物と異なり、殻や外骨格などの硬い組織を持っていたことである。その初めは微小硬骨格化石群で、炭酸塩、リン酸塩、

カンブリアン・モンスターたちの海

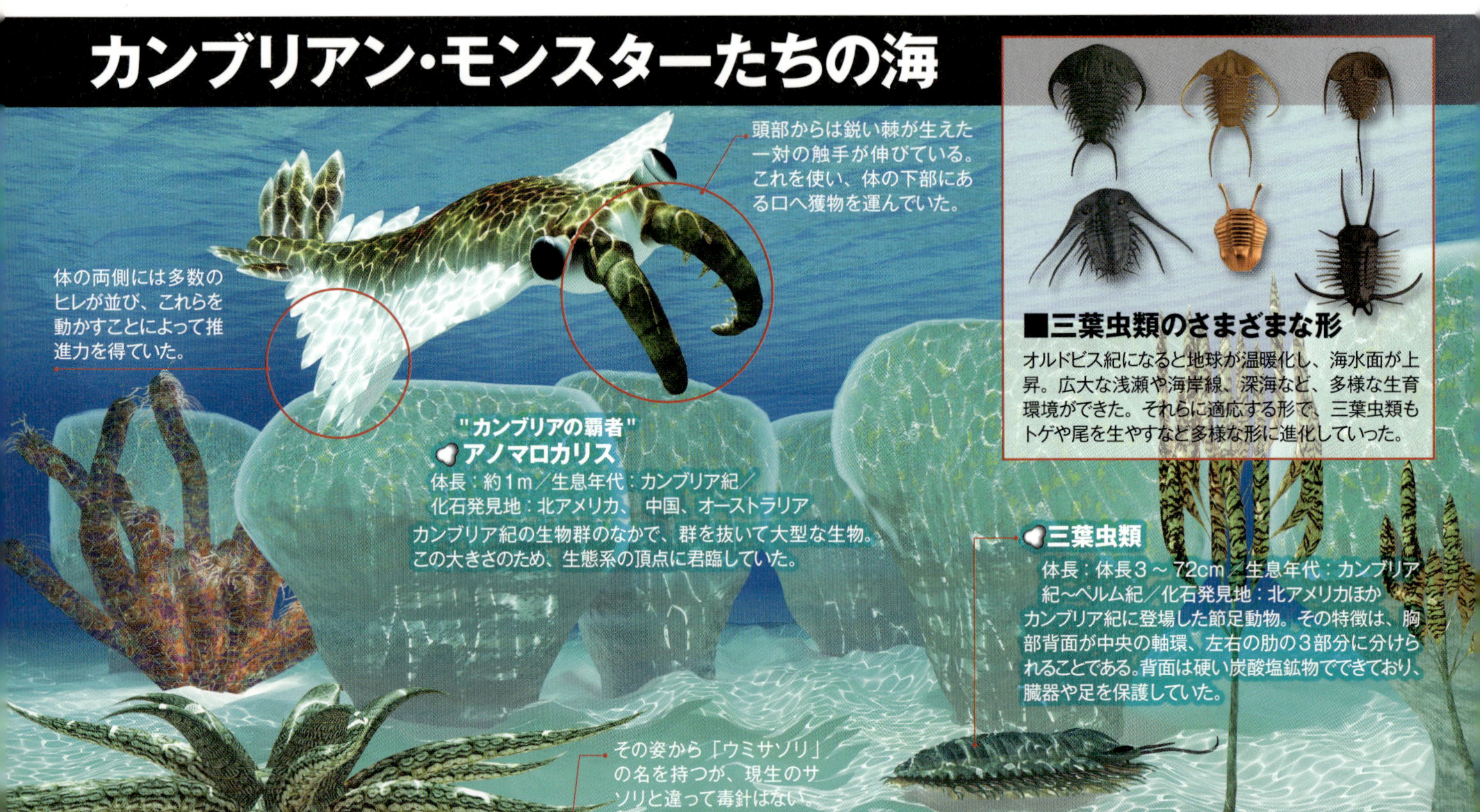

"カンブリアの覇者" アノマロカリス
体長：約1m／生息年代：カンブリア紀／化石発見地：北アメリカ、中国、オーストラリア
カンブリア紀の生物群のなかで、群を抜いて大型な生物。この大きさのため、生態系の頂点に君臨していた。

■三葉虫類のさまざまな形
オルドビス紀になると地球が温暖化し、海水面が上昇。広大な浅瀬や海岸線、深海など、多様な生育環境ができた。それらに適応する形で、三葉虫類もトゲや尾を生やすなど多様な形に進化していった。

三葉虫類
体長：体長3～72cm／生息年代：カンブリア紀～ペルム紀／化石発見地：北アメリカほか
カンブリア紀に登場した節足動物。その特徴は、胸部背面が中央の軸環、左右の肋の3部分に分けられることである。背面は硬い炭酸塩鉱物でできており、臓器や足を保護していた。

"ウミサソリ"ユーリプテルス
体長：30cm～1m／生息年代：オルドビス紀中期～デボン紀／化石発見地：北アメリカ、中国、ロシア、ヨーロッパ
日本ではウミサソリと称される彼らは、オルドビス紀に登場し、シルル紀からデボン紀にかけて隆盛を誇った。

硬組織を備え、オパビニアやハルキゲニアなど、奇妙な外観の捕食性生物で、構造色（見る角度によって色が変わる）の「眼」を持っていた。なかでも節足動物のアノマロカリスは、地球上で最も大きく、海洋生態系の頂点に立った。やがてオルドビス紀では三葉虫が各地で大繁栄し、シルル紀になると、巨大なウミサソリが海洋の王者となった。

地球の誕生！ 生命誕生！ 大酸化事変
46億年前 40億年前 35億年前 30億年前

シリカの３種類の鉱物を使って殻や骨、トゲを作っていた。また見る角度によって色が変わる構造色の**眼**も獲得していた。

長いノズルの口先を持つ「オパビニア」は５つの複眼を持ち、エビのような「アラルコメネウス」は２つの眼が重なったような一対の複眼を持っていた。

生物の形も多様で、背中にトゲを持つ「ハルキゲニア」、うろこに覆われ全身にトゲをはやした「ウィクワシア」、ナメクジウオの一種で脊索を持つ「ピカイア」など、奇妙な姿の生物も多かった。

彼らは初めての捕食性生物となり、この地球上に食う・食われるの生態系が成立した。最初に生態系の頂点に立ったのは節足動物である。硬い殻を持つ特性が防御機能を向上させるとともに、殻に筋肉をつけることで力強い動きでほかの生物を圧倒した。なかでも頭部に触手を持つ節足動物の「アノマロカリス」は、カンブリア紀の生物のなかで最も大きく、海洋生態系の頂点に立った。

三葉虫とウミサソリ

やがて４億8800万年前からオルドビス紀に入ると、節足動物のなかでも三葉虫（さんようちゅう）が繁栄を極めた。三葉虫は硬い殻を持ち、真上から見ると、体が三つに分けられることからその名がついた生物だ。

しかしその三葉虫も４億4400万年前のシルル紀に、寒冷化によって打撃を受け、衰退。代わりに「ユーリプテルス」が海の王者となった。遊泳用の足を持ち垂直尾翼の尾を持つ彼らは安定した泳ぎができ、２本の大きな鋏（はさみ）を手に入れて捕食者の頂点に立つ。**1m前後に達する個体も確認されており、大型化に成功したことも生物界の覇権を握ることができた一因である。**

しかし４億1600万年前にデボン紀が始まる頃には、１億年以上にわたった節足動物の繁栄も終わりを告げる。**我々脊椎動物の祖先である魚類がアゴを獲得して大型化し、ほかの生物を圧迫し始めたのである。**

"５つ目のモンスター"
オパビニア
体長：約7cm／生息年代：カンブリア紀中期／化石発見地：カナダ
節足動物の近縁とされる生物で、５つの複眼と長い吻を特徴とする。体の下に小さな脚がついていたともいわれている。

進化のPOINT　甲殻をもたらしたのは眼だった！

生命史上、初めて眼を持つ生物が出現したカンブリア紀。この眼を獲得したことが、生物が硬組織を持つきっかけになったといわれている。眼を獲得したのは植物が持っていたロドプシン遺伝子を動物が受け取ったのが原因といわれる。

眼を持つ生物は生態系のなかで優位な立場に立ち、襲われる側は防御用の硬い殻やトゲ、逃走用のヒレや足などで武装するように進化していった。

やがて脊索動物から進化した脊椎動物は、両親の遺伝子をすべて引き継ぐゲノム重複を２度繰り返したため遺伝子の量が４倍になり、余分な遺伝子が視細胞と脳を結び、物を立体的に捉えるカメラ眼を獲得した。一方の節足動物が得たのは複眼であり、こちらは皮膚とつながっている。

"石もどき"
グラプトライト
カンブリア紀に栄えた生物で、当初石と間違えられたことから鉱物のような名がつけられた。日本では「フデイシ」と呼ばれる。群生していることが多く、カンブリア紀にはこのような光景が見られたに違いない。

魚類の時代

アゴの獲得により海の覇者に！ 節足動物たちに取って代わったダンクルオステウス

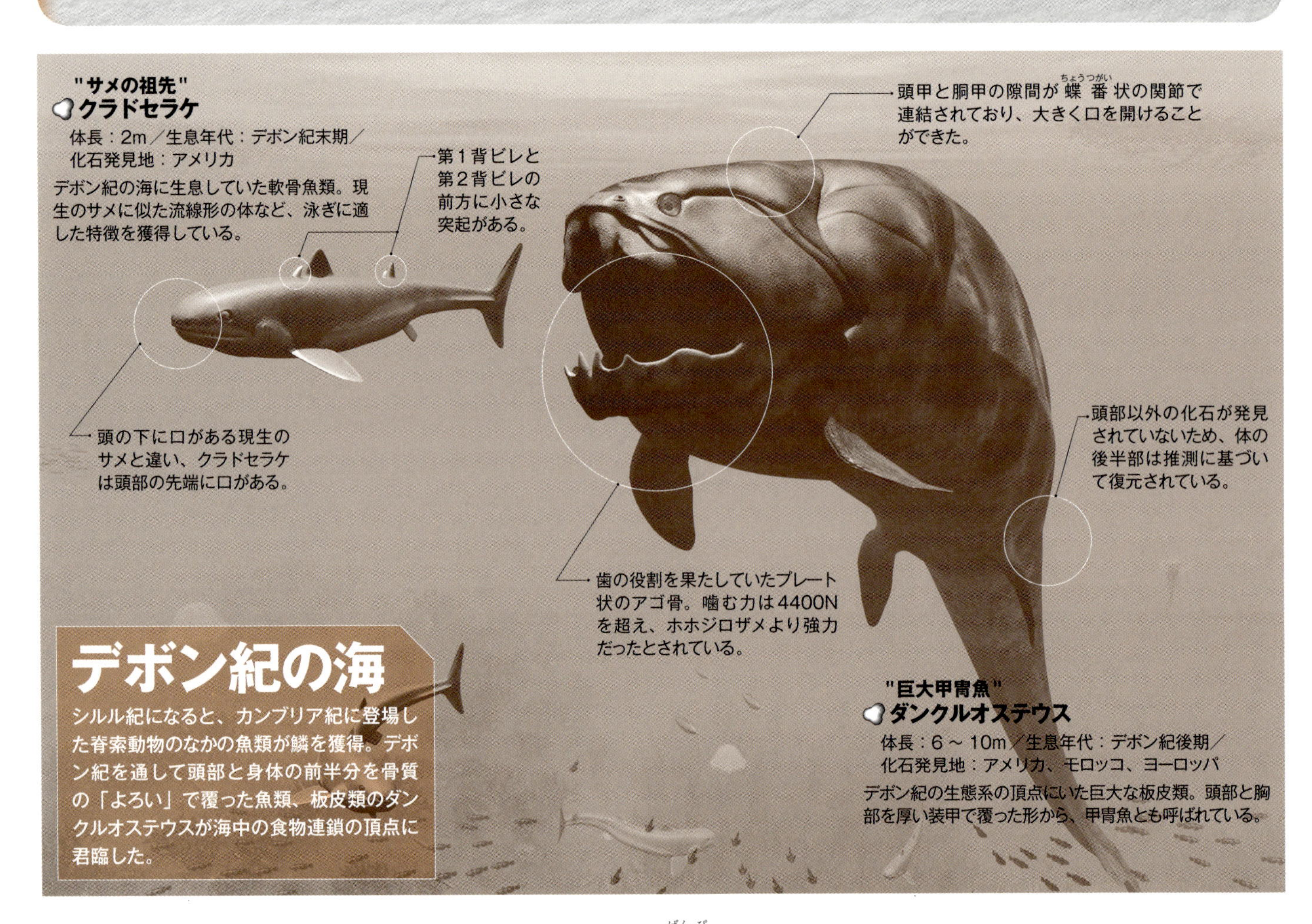

甲冑魚ダンクルオステウス

カンブリア爆発のときにピカイア（ナメクジウオ）、ハイコウイクナスなど、脊髄に沿って伸び体を支える「脊索」を持つ生物が現われた。これが魚類、ひいては人類を含む脊椎動物の先祖である。ただし、当時は体も小さく捕食される存在だった。

このうち魚類は、オルドビス紀に鱗を獲得し、シルル紀になってトゲを持つ棘魚類へと進化。シルル紀末期にはアゴを獲得し、頭部と体の前半分を骨質の「よろい」で覆った板皮類が登場する。

このアゴの獲得は飛躍的な進化となった。というのも最初の魚類だった無顎類はアゴがないため、いつも開けている口から泥ごと栄養分を吸い込むしかなかった。ところがアゴを持つことで、口を開閉して噛むことができるようになったのだ。栄養獲得の効率化に成功して生存競争の優位に立った板皮類は大型化し、デボン紀には節足動物と立場が逆転、6～10mもの体長を誇る板皮類のダンクルオステウスが生態系の頂点に立った。

有能なハンターであるサメ類の台頭

しかし板皮類の天下も長くは続かなかった。**デボン紀末期には骨格が軟骨で構成されるサメなどの軟骨魚類にとって代わられてしまう。**

サメの歴史も古く、最古のサメは4億900万年前のドリオドゥスといわれている。そしてデボン紀末期に、クラドセラケという現在のサメと同じような流線型をした体長約2mの大型種が出現し、サメの時代が訪れたのだ。大きな胸ビ

デボン紀に繁栄した魚類たち

シルル紀に種類を増やした魚類は、デボン紀になると最も繁栄した。
軟骨魚類や肉鰭類は、当時とほとんど変わらない姿で現代まで存続している一方で、板皮類や棘魚類はペルム紀末までに絶滅した。

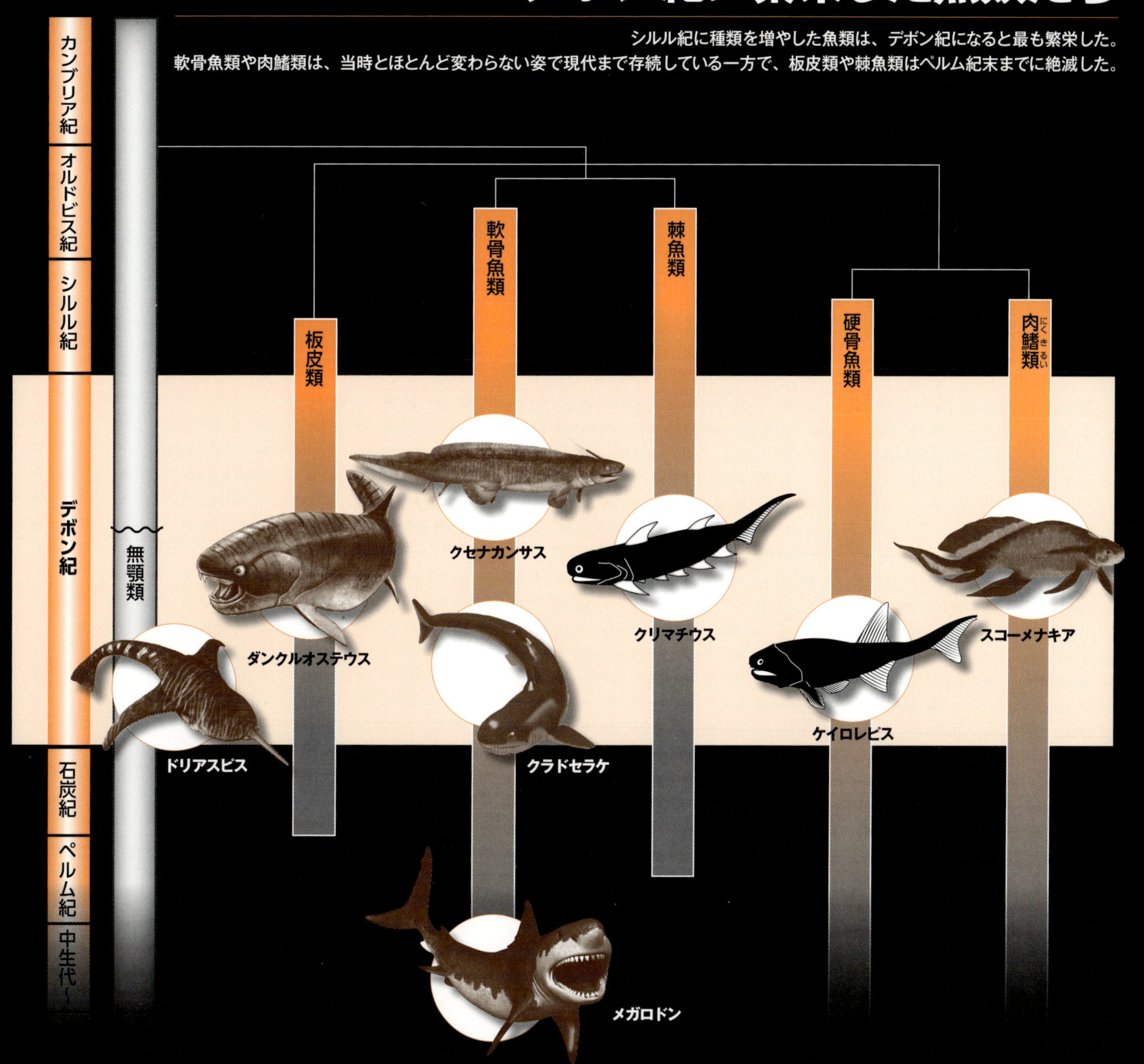

レと尾ビレを持つクラドセラケは高い遊泳能力を持ち、優れたハンターとして生態系の上位に躍り出たのである。

ただし、次第に軟骨魚類は、骨格の大部分が硬骨で構成される硬骨（こうこつ）魚類に追いやられていく。軟骨魚類は絶滅したわけではないが、硬骨魚類が海、川、沼などあらゆる水域に入り込み、数を増やすなかで追い詰められていった。現在、サメとエイを除くほとんどの魚類はこの硬骨魚類の仲間である。

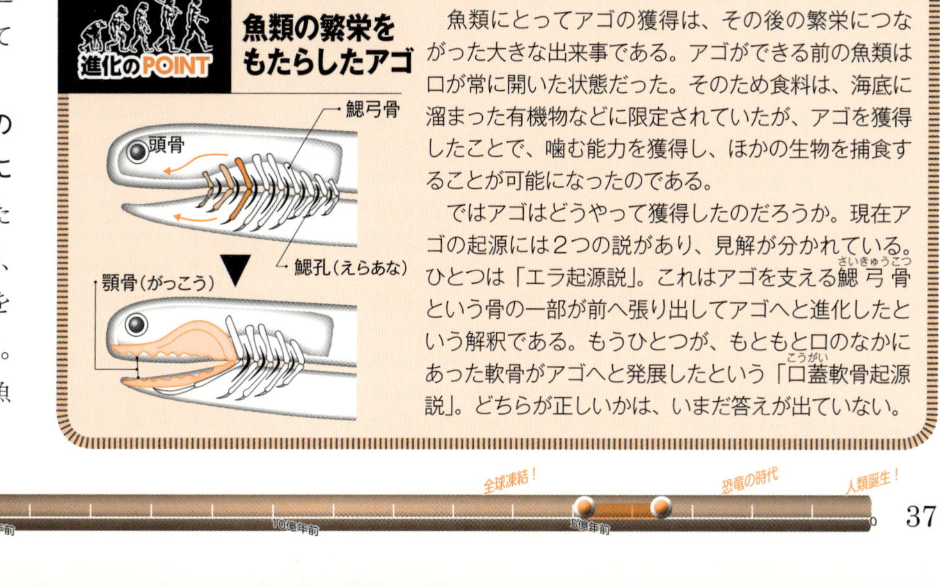

魚類の繁栄をもたらしたアゴ

魚類にとってアゴの獲得は、その後の繁栄につながった大きな出来事である。アゴができる前の魚類は口が常に開いた状態だった。そのため食料は、海底に溜まった有機物などに限定されていたが、アゴを獲得したことで、噛む能力を獲得し、ほかの生物を捕食することが可能になったのである。

ではアゴはどうやって獲得したのだろうか。現在アゴの起源には2つの説があり、見解が分かれている。ひとつは「エラ起源説」。これはアゴを支える鰓弓骨（さいきゅうこつ）という骨の一部が前へ張り出してアゴへと進化したという解釈である。もうひとつが、もともと口のなかにあった軟骨がアゴへと発展したという「口蓋（こうがい）軟骨起源説」。どちらが正しいかは、いまだ答えが出ていない。

植物の進出と森林の形成

より効率的な光合成の場所を求めて海から上がった最初の生物

樹木の誕生

5億年前、カンブリア紀の海洋では節足動物が繁栄し、生存競争が繰り広げられていた。その頃、酸素が増加し上空がオゾン層で覆われたため、地表に紫外線が届きにくくなった。**有害の紫外線が防がれたことで、陸上で生物が生活することが可能になったのだ。**海中または淡水にいた植物のなかで最初に地上に進出したのは、緑藻から進化したコケ類の祖先と言われている。

この原始的な植物が陸地に広がることで、水を含んだ乾きにくい土壌を作っていった。

さらに4億3300万年前のシルル紀には現在最古の陸上植物クックソニアが出現する。この植物は数cmほどの高さで根も葉も持たない植物であったが、やがて植物は体を支えるリグニンという高分子化合物や空気の通る気孔を獲得。さらに水や栄養分を体の先端まで送る維管束を茎のなかに発達させると、高さ数十センチの植物も登場するようになった。表面を乾燥から守る油分「クチクラ」を獲得するなど、植物は陸上生活に適応すべく進化を遂げていった。

植物同士の生存競争も激しくなり、光の取り合いが行なわれ、高く伸びていくものが現われた。そのなかから維管束を発達させた「木」が出現した。木は枝を伸ばして平らな葉をつけ光を浴び、林や森が茂ることになったのである。

海から上がった生物

植物が豊かになり森が茂った陸上を最初に目指した生物は、節足動物に分類される鋏角類（クモやダニ）である。生物が陸上に進出するためには、陸上での呼吸方法と体重を支える骨格を持つことが必要だった。彼らは足の一部をえらのふた代わりにして陸上で呼吸することができ、陸上の乾燥対策や体を支える外骨格も持っていた。

それがのちに多くの昆虫を生み出す要因になった。

上陸の時期はかつてデボン紀前半頃（3億9600万年前）とされていたが、20世紀末にシルル紀後期（4億1500万年前）の地層から鋏角類の化石が発見されている。さらに2004年には、カンブリア紀末（4億9000万年前）の節足動物の上陸が指摘されている。

3億5900万年前から始まった石炭紀には植物が大きく進化した。高温多湿な環境のため湿地帯にはシダ植物が大発生する。シダ植物は少しでも光合成を有利にしようと日の光に向かって伸び続け、高さ30～40mに達するものも現われた。そして当初はシダをエサにする生物がいなかったことや、二酸化炭素の濃度が現在の10倍もあったため、光合成を盛んに行なって成長し、どんどん酸素を放出していった。そのため酸素濃度が大気中の現在の30％以上になったという。

シダ植物は全盛期を迎えたが、3億年前頃から超大陸パンゲアが形成されると、内陸部は海からの湿気が届かず乾燥化と寒冷化が進み、水がないと繁殖できないシダ植物は衰退した。それに代わって乾燥に強い種子を持つ「裸子植物」が出現する。

リンボク
石炭紀最大の樹木で、高さ40m、幹回り2mにも達する。幹の表面には、菱形の葉跡が残されており、それによって「リンボク（鱗木）」と呼ばれるようになった。

石炭紀の植物相

５億年前、オゾン層が形成され、地表は紫外線の影響を受けにくくなった。すると海中、特に淡水にいた植物のうち、コケがはじめに地上へ胞子を送り、さらに４億3300万年前にクックソニアが陸上に出現した。やがて３億5900万年頃からの石炭紀にかけては、シダ植物が繁殖する大森林が陸地に生まれた。

フウインボク
リンボクの近縁種で高さ30mに達するシダ植物。幹の葉跡は六角形をしている。リンボクとともに世界中で石炭のもととなっている。

コルダイテス
海に近い湿地に生育していた裸子植物。平行脈を持つ帯状の葉が特徴的。

カラミテス（ロボク）
沼沢地に群生していた木本植物。茎に細長い葉を20本以上も付ける。

最古の植物・クックソニア
最古の植物といわれるクックソニアは、根や葉、維管束を持たず、茎と先端の胞子嚢のみを持つ。高さは数cmほどしかなかった。

Column 石炭はこうやってできた！

３億年前に地上に植物が繁茂し始め、石炭の素材が作られた。そのためこの時期を石炭紀と呼ぶ。石炭ができる仕組みは次のようなシナリオだ。

植物が枯れて湿地に埋没し、堆積されていく。これを繰り返しているうちに微生物に分解され、腐食物に変化して泥炭（でいたん）となる。これに新たな堆積物の地圧や地球内部の熱が加わることで、脱水、脱炭酸、脱メタン化作用を起こして石炭に変化していくのである。

かくして石炭紀に埋没した植物が３億年かけて石炭となっていったのだ。湿地にできた石炭紀の植物からできた石炭は、地球の石炭の埋蔵量の７割近くを占めるという。

なお、現代に堆積した植物が将来石炭になるかと言えば、当時と今では生息する微生物が違うため、それは不可能と考えられている。

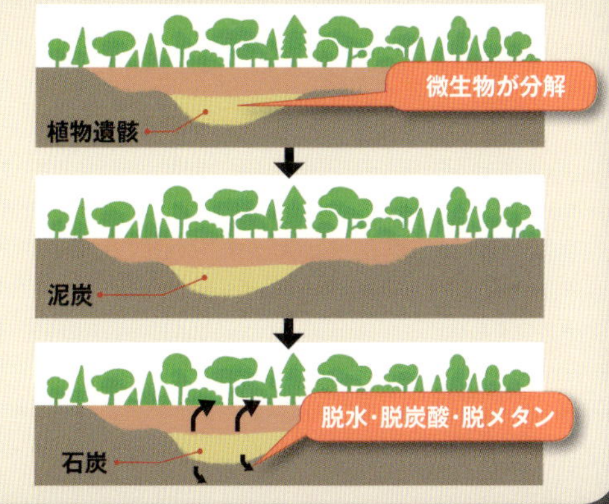

昆虫の繁栄

地球史上最大の多様性を誇る生物の世界をのぞく

翅を獲得した節足動物

陸上にシダ植物の大森林が繁栄していた頃、陸上動物の世界で最初に繁栄の時代を迎えたのは、カンブリア紀と同じく節足動物であった。４億年前のデボン紀には昆虫のトビムシ類へと進化すると、またたくまに多様性を広げていった。

やがて昆虫のなかには背中から突き出たような翅（し）を獲得して空を飛ぶトンボやバッタなども現われた。翅を獲得したため行動範囲が広がり、食べ物も見つけやすくなった。なかには翅を広げると70cmを超えた巨大トンボのメガネウラなどもいた。

このように昆虫は生命史上初めて空に飛び出した生物である。この翅はどうやって獲得したものなのだろうか。現在その起源については２つの説がある。ひとつは「側背板起源説」で、昆虫の背中の両脇を少しずつ伸ばして、それが翅に変化したという考えである。ただしこれは翅になる前の中途半端に伸びた状態では動き回るのに不便で、途中で絶滅していたのではないかという意見もある。

もうひとつは「エラ起源説」。水中生活をしていたときの呼吸器官だったエラを進化させたという説である。当時の生物は皆エラ呼吸をしていたが、なかにはエラで水をかいて泳ぐものもいた。呼吸の効率アップと泳ぎやすくするため、水棲生物のエラは巨大化したが、昆虫類は空を飛ぶべく翅に変化させたのだという。

完全変態の昆虫が出現

２億9900万年前のペルム紀になると、昆虫はさらなる革新的な進化を遂げる。**幼虫と成虫で姿がまったく異なる「完全変態」の仕組みを持つ昆虫が出現したのである。**完全変態の虫はイモムシのような幼虫からさなぎを経て、翅を持つ成虫へと変化する。さなぎのなかで幼虫から成虫へと体を作りかえるのである。今ではチョウやカブトムシなどがこの代表例だが、じつは現在の昆虫の９割弱はこの完全変態を行なうという。

昆虫が完全変態をとる理由は、大きくなる時期と繁殖する時期の役割の分業化を図るためだ。それぞれに適応するように体の構造を変えていくのである。また、幼虫と成虫で食物が異なるため、食物を巡る世代間の争いを避けられるという利点もある。

こうして昆虫は一番手として陸上に進出した特権を生かして多様化し、さらに独自の進化を遂げることで、現在に続く地球史上最大の多様性を誇る生物群になったのである。

石炭紀に出現した巨大昆虫

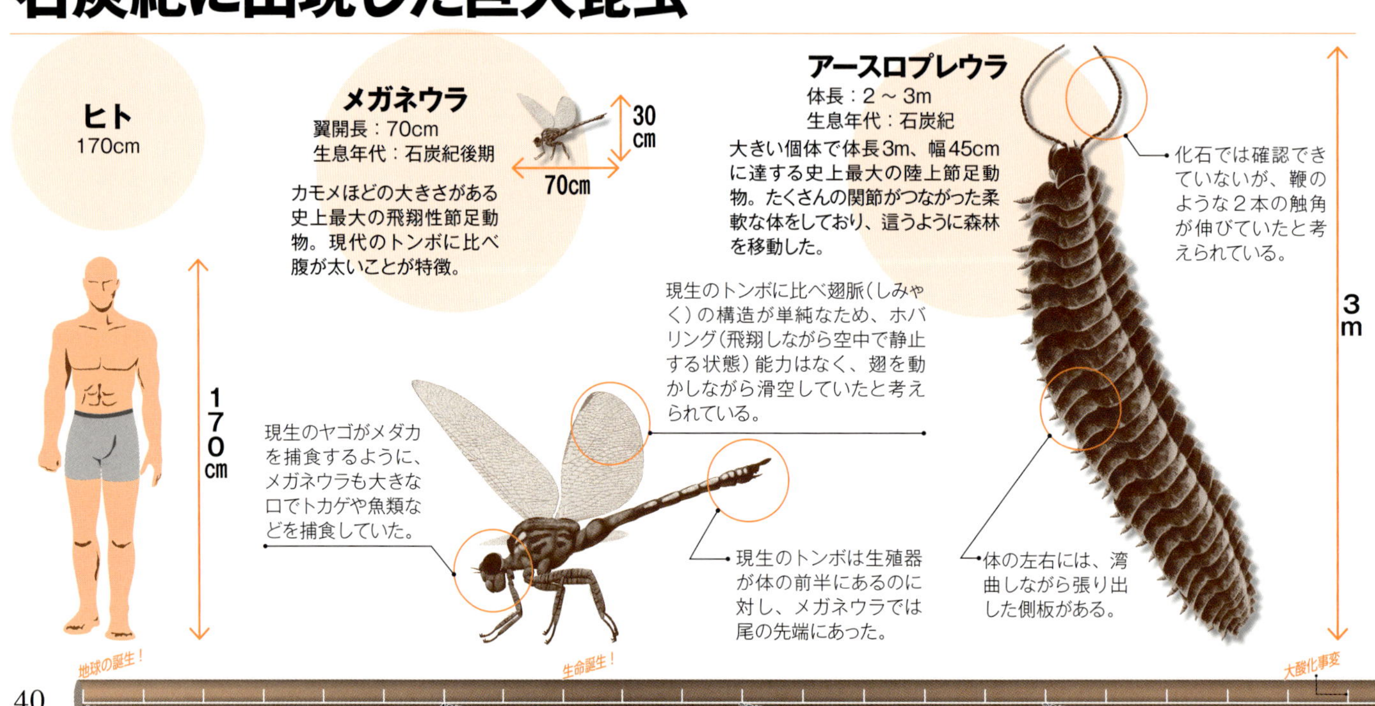

石炭紀の森—巨大昆虫の楽園

シダ植物の大森林が形成されつつあった頃、陸上には第２の生物・節足動物が進出していた。彼らは４億年前になると、陸上でトビムシ類へと進化し、やがて翅を獲得してトンボやバッタなどの昆虫になった。そしてペルム紀になると、チョウやカブトムシのように完全変態を行なう昆虫も現われるなど、ほとんどの昆虫相がこの時期に作られた。

レオディクティオプテラ

翼開長：40cm／生息年代：石炭紀後期

翼開長が40cmにも達する巨大カゲロウ。４枚の大きな翅のほかに、一対の小さな翅を持つのが特徴。

マノブラッタ

翼開長：11cm／生息年代：石炭紀後期

石炭紀の化石でとりわけ産出量が多く、最も繁栄していたのがゴキブリの仲間である。そのなかの一種であるマノブラッタは、翼開長が11cmもある巨大な翅を使って森林のなかを飛び回っていた。

メガネウラ

翼開長：70cm

生息年代：石炭紀後期

パレオテーレ

全長：30cm／生息年代：石炭紀後期

1996年にフランス・ブルゴーニュ地方で発見されたハラフシグモ亜目の仲間。現生のハラフシグモ亜目のほとんどが地中性であることから、当時も同じような生活様式だったとされている。

3億6500万年前 ［古生代／デボン紀］

脊椎動物の上陸

陸地への進出が昆虫より遅れたのはなぜか？

上陸のための進化

昆虫より遅れること3500万年、脊椎動物が水中から捕食者のいない新天地を求めて陸地へと進出した。**進出が昆虫より遅れたのは、昆虫に比べ四肢や肺、重力や乾燥を防ぐ仕組みなど、体を陸上生活に合わせて大改造しなければならなかったからだ。**

脊椎動物は2対のヒレを四肢に変え、エラ呼吸を肺呼吸に変化させ、地上で体を支える骨格を獲得してから上陸したのである。

手足の片鱗となる進化の最古型は、3億8500万年前頃に生息していた肉鰭類のユーステノプテロンである。この生物には浅瀬を掻き分けるために四肢のもととなるヒレが備わっていた。また同じく肉鰭類のティクターリクは、ヒレのなかに骨でできた軸を持ち首のようなものも持っていた。これらを使って浅瀬や干潟を動き回ることができたと見られる。

やがてデボン紀後期には、両生類のアカントステガが出現する。

全長60cmほどで、指のある4本の足と大きな尾ビレを持ち、それを器用に使って枝を掻き分けながら水の底を歩くようにして移動していた。肺呼吸も可能だったが、関節が弱く陸上で体を支えることは難しかったようだ。そのため彼らは水中で生活しながら、時には水中から顔を出して呼吸していたと考えられている。

アカントステガを経て3億6500万年前に、4本足に加え、肺呼吸を身につけ、内臓を守る肋骨を備えるなど、頑丈な身体構造が備わった、全長1mほどのイクチオステガが出現した。ついに陸地生活ができる機能を持つ脊椎動物が誕生したのである。ただしイクチオステガの足の関節は曲がらないため、地上を這うようにして移動していたと見られ、水中との両生生活だった可能性が高い。

水辺での生活を積み重ねながら進化していった脊椎動物は、その準備期間を経て本格的な陸上進出を果たしたのである。

ではなぜ生物が陸上を目指したのか。これについては、ハイネリアのような大型肉食淡水魚から逃れるため、昆虫をエサとするためなどといった理由が指摘されている。

地球の誕生！ 生命誕生！ 大酸化事変
46億年前 40億年前 35億年前 30億年前

足の形成に必要な3つの骨

動物の四肢は、大きな骨に小さな2つの骨がつながった共通の構造を持っている。前肢では上腕骨に橈骨と尺骨、後肢では大腿骨に脛骨と腓骨がつながる。この構造をユーステノプテロンが獲得したことで、生物の上陸への道が拓かれたといえる。

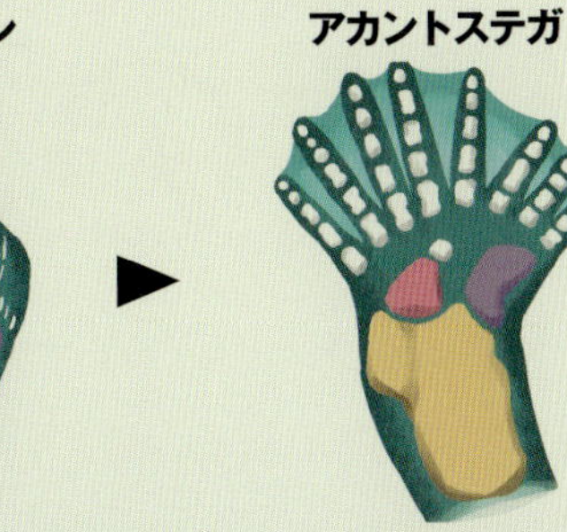

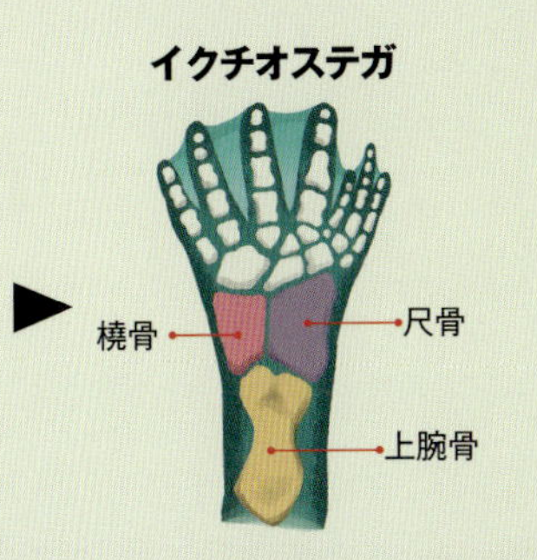

脊椎動物の上陸

昆虫より遅れること3500万年、海の生態系を捨てて、我々の祖先が水中から陸地へ進出した。上陸の前に、3億8500万年前にいたユーステノプテロンには、浅瀬を掻き分けるために四肢のもととなるヒレが備わっていた。さらにヒレが四肢になったアカントステガを経て、3億6500万年前に、肺呼吸や頑丈な身体構造が備わったイクチオステガが陸上で生活を始めた。

イクチオステガ

体長：1m／生息年代：デボン紀後期

4本の肢や首など、陸上生物の特徴を獲得した両生類。さらに肺呼吸まで備えており、陸上動物の元祖といわれている。

大きな頭部は平たく、両目が上向きについている。

7本指を持つ四肢。陸上を進むための足の骨の構造は獲得したものの、かかとがなく、関節も曲がらなかったため、腹を引きずって歩いていたと考えられている。

古生代から中生代における酸素濃度の変動

石炭紀後期からペルム紀前期にかけて酸素濃度が30％以上にまで急激に上昇している。デボン紀に上陸を果たした脊椎動物は、このような環境のなかで多様な進化を遂げていく。

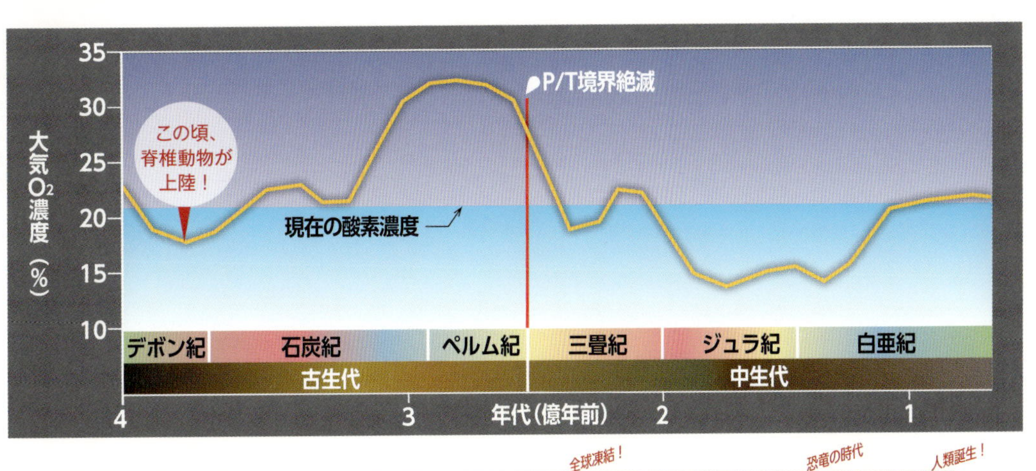

全球凍結！　恐竜の時代　人類誕生！

20億年前　15億年前　10億年前　5億年前　0

単弓類の繁栄

哺乳類の祖先が登場！
繁栄のカギとなった「強靭なアゴ」の秘密

「弓」獲得の意味

脊椎動物が陸上に進出してから約6600万年を経たペルム紀に入ると、地球上にパンゲア超大陸が誕生した。大陸が巨大になった結果、海からの湿った風が届かなくなった内陸部では、高温乾燥化が進んでいく。

その乾燥化に対応して両生類から分かれた卵生の単弓類が繁栄した。単弓類は、頭骨の眼窩と鼻孔以外に頭骨の左右に側頭窓「弓」がひとつずつ開いている生物である。側頭窓のおかげでアゴの筋肉がより発達できるようになり、大きな獲物も噛み砕いて飲み込める強靭なアゴを手に入れた。

そのため陸上の全四肢動物の4分の3近くを占めるほど繁栄し、この単弓類こそがヒトを含む哺乳類の祖先となる。

単弓類は盤竜類と獣弓類に分かれ、先に現われたのが盤竜類である。小さなトカゲのような姿から、やがて大型化して頑丈な体格、強いアゴと役割の異なる歯を持つさまざまな種へと進化した。

盤竜類は背中に大きな帆を持つディメトロドンやエダフォサウルスなどが知

地球の誕生！ 生命誕生！ 大酸化事変
46億年前 40億年前 35億年前 30億年前

哺乳類へとつながる単弓類

ペルム紀に繁栄した単弓類は、ディメトロドンのほかにも多くの種類がいた。そのなかの一部はペルム紀末の大量絶滅を乗り越えて哺乳類の祖先へとつながった。

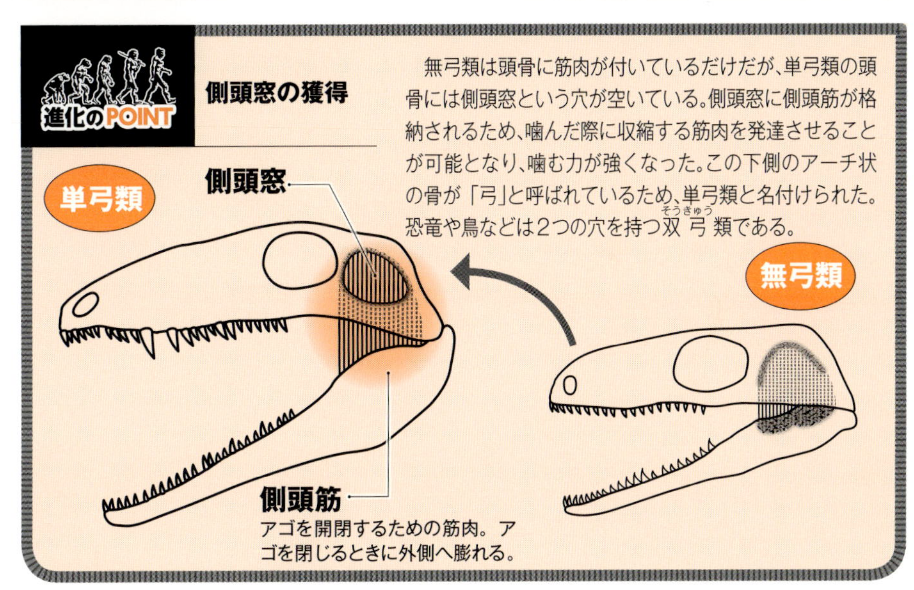

口には80本もの鋭い歯を備えていたことから、大型の脊椎動物を狩っていたと考えられている。

られている。この帆には血管が通り、熱を吸収して体温調節に用いる一方、仲間の認識や求愛活動にも使われたという。一見、恐竜に似ているが、恐竜につながる種ではない。

盤竜類はペルム紀のうちに絶滅したが、それに取って代わるようにペルム紀後期に登場して白亜紀まで栄えたのが獣弓類だ。とくにキノドン亜目は、のちの哺乳類へとつながる種である。

アゴを動かす筋肉がより長く強くなり、上下にアゴを動かす関節もできて強く噛み切ることができるようになった。また、**四肢が伸びて体の真下に位置したため素早い動きが可能になり、目の位置も前方に移動して立体視の能力を得た。**これらは哺乳類の特徴を示すもので、動きも俊敏で効率的にエネルギーを作り出す循環を完成しつつあった。

獣弓類は白亜紀には全滅するが、彼らが獲得した特質が、三畳紀に生まれる哺乳類への進化の道筋をつけたのである。

大量絶滅

3億年にわたる進化がリセット！
生物種の95%を滅ぼした地球史上最大のカタストロフィとは？

5回滅んだ地球の生命

哺乳類の祖先が登場したペルム紀と三畳紀の境界にあたる2億5200万年前、生物種の約9割が絶滅するという地球史上最大の大絶滅事件が起こった。

大量絶滅といえば恐竜を滅ぼした白亜紀末のものが知られるが、**じつは多くの生物種が同時に姿を消す大量絶滅はペルム紀末と、白亜紀末のもののほかにも3回、計5回が確認されている。**なかでもペルム紀末の大量絶滅は最大の規模で、海洋生物の9割以上、陸上生物の7割が一斉に姿を消したとされている。

この境界の大量絶滅を地質時代ペルム紀（Permian）、三畳紀（Triassic）の頭文字を取ってP/T境界絶滅と呼ぶ。

しかも近年の研究により、この800万年前にも一度に多くの動植物が姿を消したことがわかっており、2段階によって多くの種が絶滅したとみられている。

この絶滅の原因について天体衝突やプランクトンの異常増殖などいくつかの説が唱えられてきたなか、2段階にわたって地球内部で起こった現象を原因とするのが東京大学・磯﨑教授の仮説である。

プルームの冬に覆われた地球

それによれば、1度目の絶滅は海洋プレートの沈み込んだ残骸がマントル内部に落ち込み、下降流によって核が冷却され、磁気を発するマントル対流を乱したのが始まりである。その結果、地磁気が乱れ、磁場シールドが狂った。

地球はこの磁場シールドに覆われて有害な宇宙線から守られていたため、これが弱くなると地上に宇宙線が降り注ぐことになる。これが大規模な雲の発達につながり、その雲によって太陽光が遮られ、寒冷化を招いた。結果、低緯度にいた生物が死滅したのだという。これが1度目の絶滅で、単独では磁場シールド説という。

そしてこの絶滅を生き延びた種の多くも、その生態系を復活させないうちに「プルームの冬」に襲われる。地球内部では下降流に対応するように熱い物質の上昇流が発生していた。それが活発な火山活動を引き起こし、今度は舞い上がった大量の火山灰が太陽の光を遮断した。太陽の光が届かないため光合成が停止し、大気や海中の酸素が失われ、大量絶滅に至ったというものである。2回の独立した絶滅事件が短期間の間に起こったことが大絶滅につながったことになる。

折しも超大陸パンゲアの分裂が始まる時期にあたり、活発な火山活動は地球の動きとも重なる。

2度目のプルームの冬については、シベリアに残る溶岩などから大規模な噴火が起きたことがわかっており、注目が集まっている。そして、この大量絶滅により**カンブリア爆発以来、3億年にわたって進化してきた生物と生態系がリセットされ、わずかに残った生物のなかから爬虫類が台頭することになる。**恐竜時代の到来である。

P/T境界の大量絶滅の原因とされる大規模噴火が起きたシベリアの地層。200万年以上続いた大規模噴火によって、溶岩の層が形成されている。この見た目から「シベリア・トラップ（シベリアの梯子）」と呼ばれている。

地球の誕生！　生命誕生！　大酸化事変
46億年前　40億年前　35億年前　30億年前

地球上で起きた五大絶滅

地球上では、短い期間に大量に生物種が絶滅する大量絶滅がたびたびあった。なかでもオルドビス紀末、デボン紀後期、ペルム紀末、三畳紀末、白亜紀末の５回の絶滅イベントを合わせてビッグ・ファイブ（五大絶滅）という。

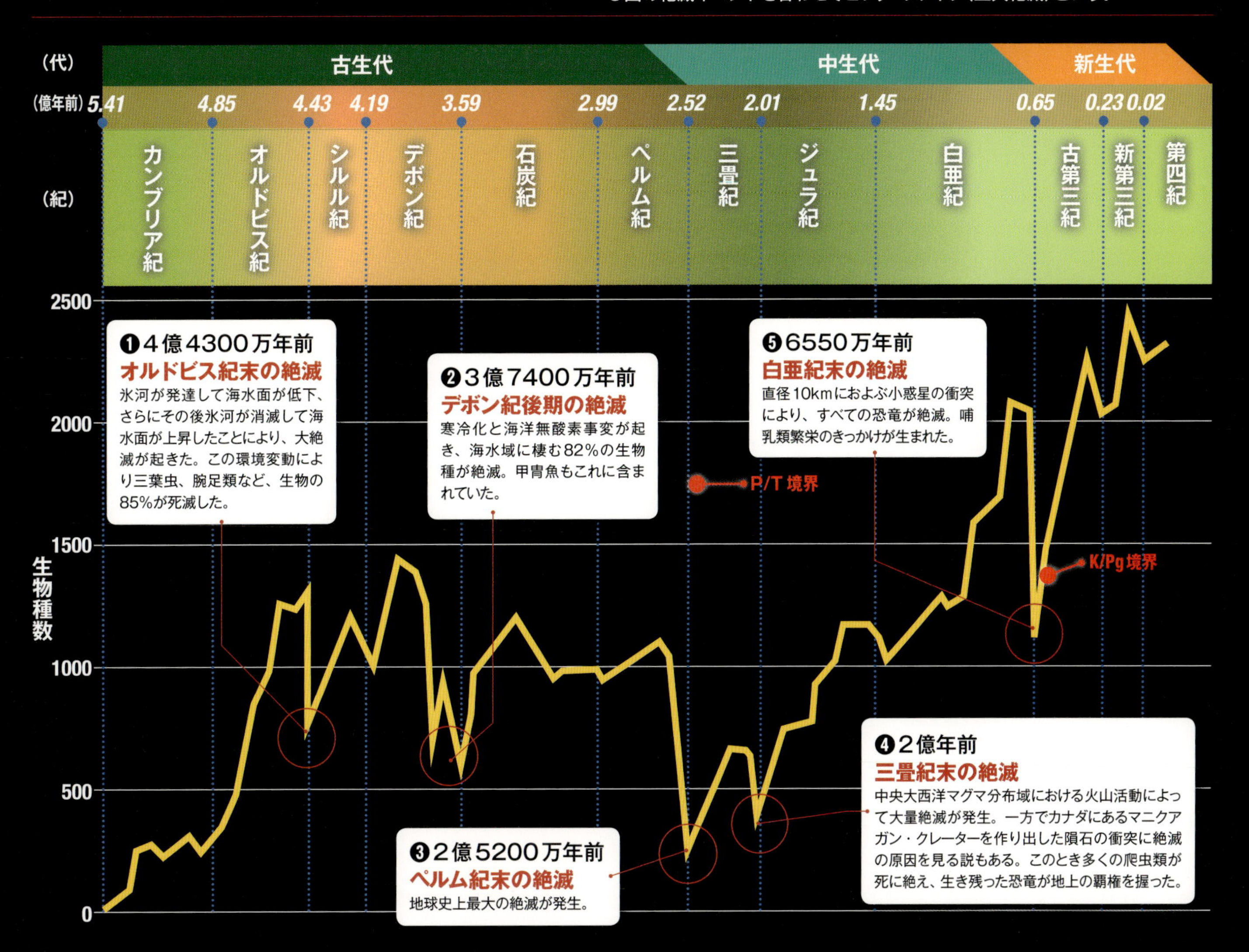

地球内部の変化が大量絶滅をもたらした!?

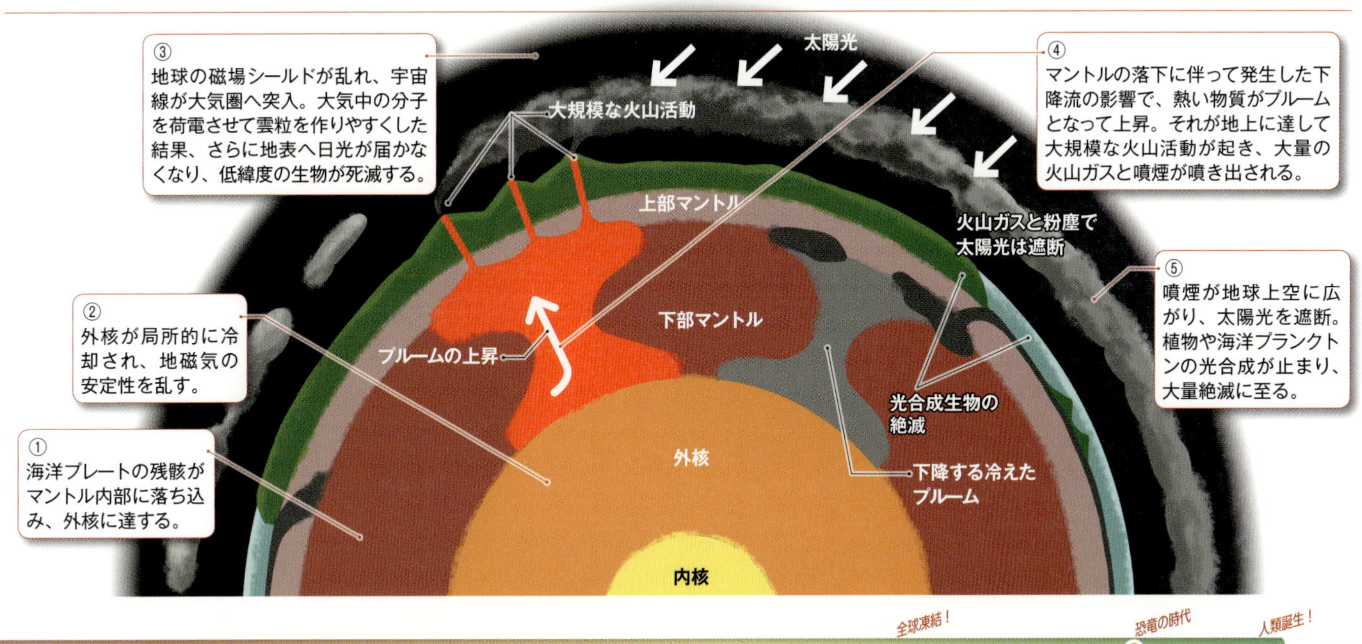

全球凍結！ 恐竜の時代 人類誕生！
20億年前 15億年前 10億年前 5億年前 0

【図解】ひと目でわかる！ 恐竜進化の系譜

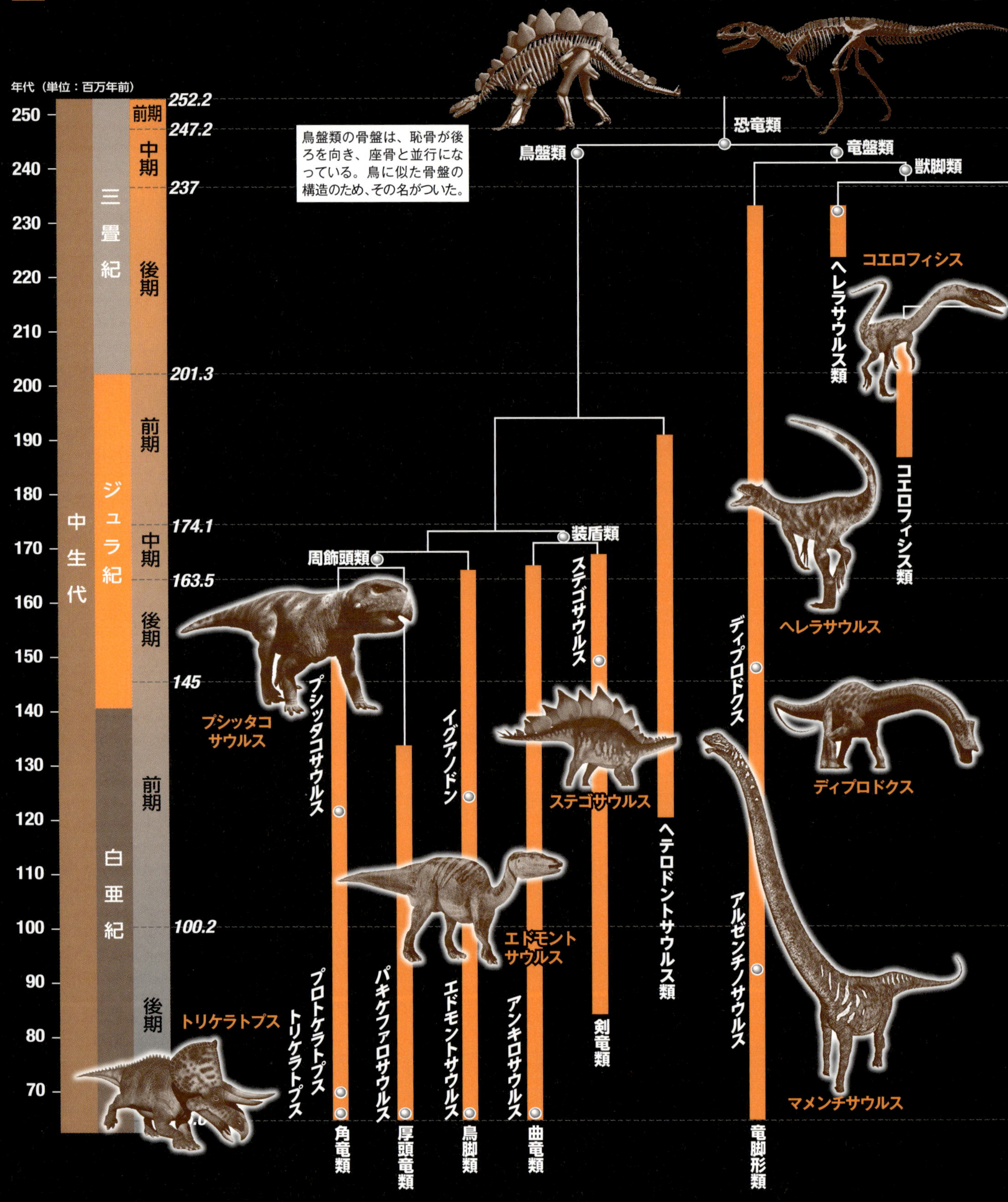

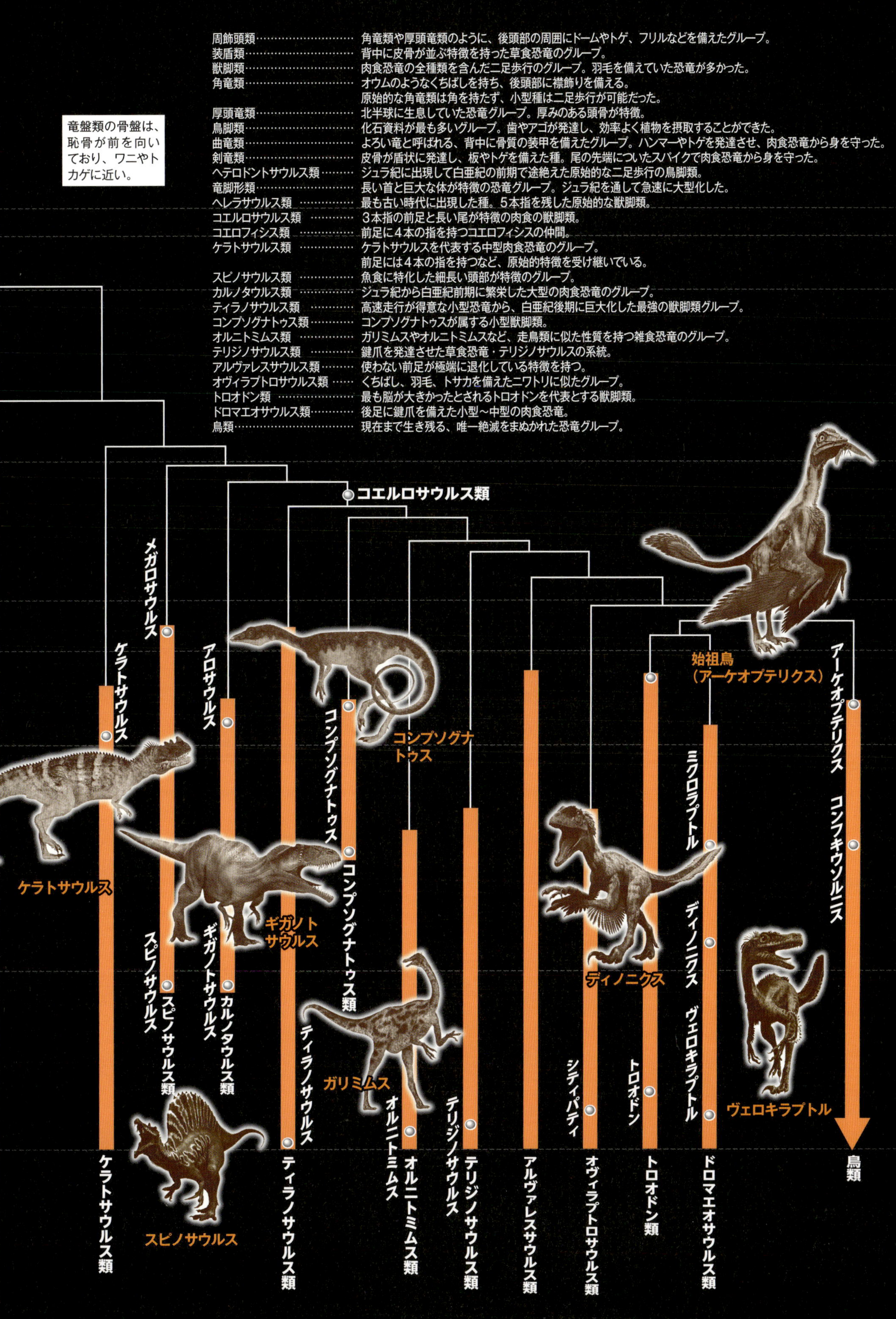
周飾頭類……角竜類や厚頭竜類のように、後頭部の周囲にドームやトゲ、フリルなどを備えたグループ。
装盾類……背中に皮骨が並ぶ特徴を持った草食恐竜のグループ。
獣脚類……肉食恐竜の全種類を含んだ二足歩行のグループ。羽毛を備えていた恐竜が多かった。
角竜類……オウムのようなくちばしを持ち、後頭部に襟飾りを備える。
原始的な角竜類は角を持たず、小型種は二足歩行が可能だった。
厚頭竜類……北半球に生息していた恐竜グループ。厚みのある頭骨が特徴。
鳥脚類……化石資料が最も多いグループ。歯やアゴが発達し、効率よく植物を摂取することができた。
曲竜類……よろい竜と呼ばれる、背中に骨質の装甲を備えたグループ。ハンマーやトゲを発達させ、肉食恐竜から身を守った。
剣竜類……皮骨が盾状に発達し、板やトゲを備えた種。尾の先端についたスパイクで肉食恐竜から身を守った。
ヘテロドントサウルス類……ジュラ紀に出現して白亜紀の前期で途絶えた原始的な二足歩行の鳥脚類。
竜脚形類……長い首と巨大な体が特徴の恐竜グループ。ジュラ紀を通して急速に大型化した。
ヘレラサウルス類……最も古い時代に出現した種。5本指を残した原始的な獣脚類。
コエルロサウルス類……3本指の前足と長い尾が特徴の肉食の獣脚類。
コエロフィシス類……前足に4本の指を持つコエロフィシスの仲間。
ケラトサウルス類……ケラトサウルスを代表する中型肉食恐竜のグループ。
前足には4本の指を持つなど、原始的特徴を受け継いでいる。
スピノサウルス類……魚食に特化した細長い頭部が特徴のグループ。
カルノタウルス類……ジュラ紀から白亜紀前期に繁栄した大型の肉食恐竜のグループ。
ティラノサウルス類……高速走行が得意な小型恐竜から、白亜紀後期に巨大化した最強の獣脚類グループ。
コンプソグナトゥス類……コンプソグナトゥスが属する小型獣脚類。
オルニトミムス類……ガリミムスやオルニトミムスなど、走鳥類に似た性質を持つ雑食恐竜のグループ。
テリジノサウルス類……鉤爪を発達させた草食恐竜・テリジノサウルスの系統。
アルヴァレスサウルス類……使わない前足が極端に退化している特徴を持つ。
オヴィラプトロサウルス類……くちばし、羽毛、トサカを備えたニワトリに似たグループ。
トロオドン類……最も脳が大きかったとされるトロオドンを代表とする獣脚類。
ドロマエオサウルス類……後足に鉤爪を備えた小型〜中型の肉食恐竜。
鳥類……現在まで生き残る、唯一絶滅をまぬかれた恐竜グループ。
竜盤類の骨盤は、恥骨が前を向いており、ワニやトカゲに近い。
コエルロサウルス類
メガロサウルス
ケラトサウルス
アロサウルス
コンプソグナトゥス
コンプソグナトゥス
ケラトサウルス
ギガノトサウルス
ギガノトサウルス
スピノサウルス
スピノサウルス類
カルノタウルス類
コンプソグナトゥス類
ティラノサウルス
ガリミムス
オルニトミムス
テリジノサウルス
シティパティ
トロオドン
ミクロラプトル
ディノニクス
ディノニクス
ヴェロキラプトル
ヴェロキラプトル
始祖鳥（アーケオプテリクス）
アーケオプテリクス
コンフキウソルニス
スピノサウルス
ケラトサウルス類
ティラノサウルス類
オルニトミムス類
テリジノサウルス類
アルヴァレスサウルス類
オヴィラプトロサウルス類
トロオドン類
ドロマエオサウルス類
鳥類

三つ巴の生存競争

三畳紀初期に展開された、クルロタルシ類、恐竜類、単弓類による覇権争いの結末は？

ワニの祖先vs.恐竜

中生代の三畳紀に入ったとき、生き延びた生物種のなかで勢力を伸ばしたのが爬虫類である。

中生代というと、恐竜が地球上を制覇していた印象が強いが、彼らが最初から生態系の頂点にいたわけではない。**三畳紀の初期には、哺乳類の祖先である「単弓類」、ワニの祖先である「クルロタルシ類」、そして「恐竜類」という3種が三つ巴（どもえ）の生存競争を繰り広げていた。**当初は単弓類で草食のリストロサウルスが隆盛を極めたが、三畳紀中期になると単弓類は高い代謝能力を持つ爬虫類の主竜類に追いやられた。

この主竜類は進化の過程でクルロタルシ類と恐竜類に分かれた。先に地上の支配権を握ったのは、大型化に成功したクルロタルシ類である。クルロタルシ類は体の側面から四肢が生える現生のワニとは異なり、体の真下に四肢が伸びているため移動速度が速く、肉食性のみでなく草食性の種もいて三畳

三畳紀に栄えた3種類の生物

中生代は爬虫類の時代である。ただし、中生代突入当初の三畳紀には、「単弓類」（哺乳類の祖先）、「クルロタルシ類」（ワニの祖先）、「恐竜類」の３種の生物が勢力を競い合っていた。前半に単弓類が栄えたものの、後半になると主竜類が生態的地位の頂点に立つことになる。そして三畳紀末の絶滅によってクルロタルシ類の大半が絶滅し、ジュラ紀以降は恐竜類が地上を支配するようになった。

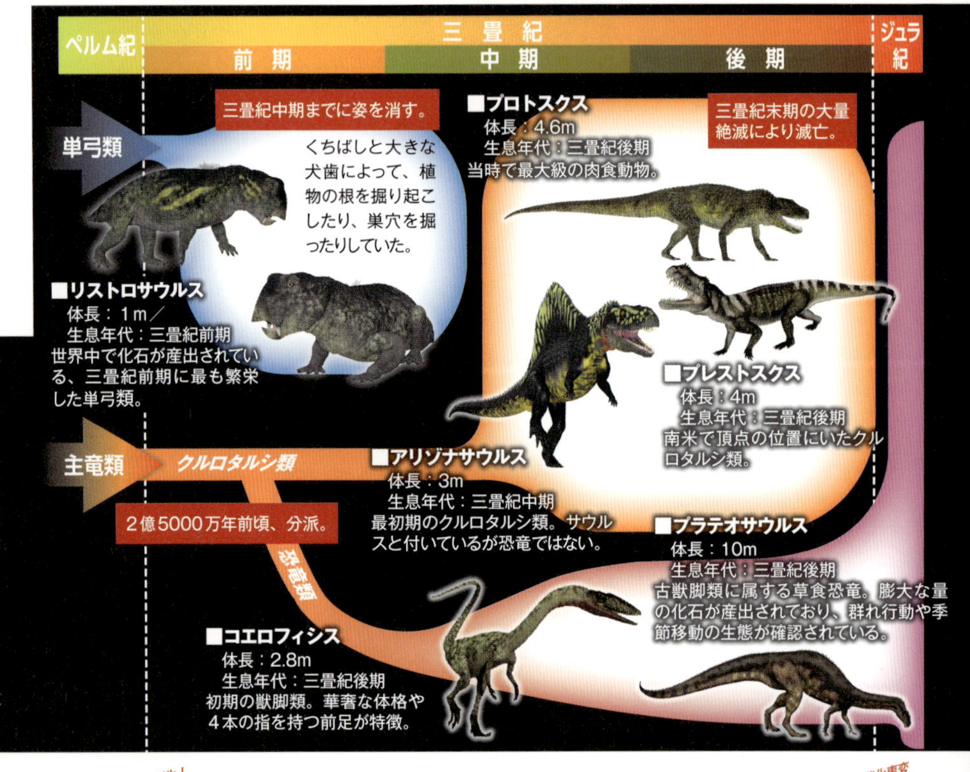

三畳紀の恐竜たち

ペルム紀末期の大量大絶滅を生き抜いた生物種のなかに、中生代の覇者となる恐竜がいる。三畳紀中期に世界への分布を開始し、後期には恐竜類となった。

紀にすでに多様化が進んでいた。

最初のクルロタルシ類は背中に帆を持つ全長３mのアリゾナサウルスだったが、やがて大型化し、全長５mものサウロスクスが現われる。

クルロタルシ類の特徴のひとつはその多様性である。白亜紀の恐竜オルニトミムスとよく似たシロスクスのように草食性の種もいた。三畳紀後期にはワニ類へとつながるワニ形類も登場した。その代表がプロトスクスだ。頭部の幅が広くなり、硬いウロコも持つなど現在のワニを思わせるが、四肢は真下に伸びた四足歩行をしていたようだ。

１メートル前後だった恐竜

クルロタルシ類が黄金期を迎えていた頃、恐竜類は二番手に甘んじていた。もともと恐竜は恐竜形類という爬虫類を前身とし、２億5000万年前のプロロトダクティルスが最古とされる。四肢が異様に長いトカゲのような姿をしており、三畳紀後期に恐竜が登場する。この頃はクルロタルシ類に押され、全長１m前後のままとどまっていたが、７種が存在したとされ、多様化を始めていたようだ。

そして三畳紀末このクルロタルシ類を頂点とした生態系が一変する。ワニ類を除くクルロタルシ類が滅んでしまったのである。

なぜ恐竜が生き延びたかは不明であるが、この絶滅により空白となった生態系を埋める形で恐竜が台頭する。

Column 哺乳類の登場

三畳紀の初頭、獣弓類のキノドン類の一部が哺乳形類、さらにヒトの祖先ともいえる哺乳類へと進化した。哺乳形類はモルガヌコドンが知られる。アゴ関節や耳小骨が哺乳類の特徴を持ち、首の回転をスムーズにする背骨も持っていた。夜行性で外に耳があり鋭い聴覚を持っていたという。

そして最古の哺乳類は２億2500万年に生きていたアデロバシレウスと呼ばれる卵生のネズミ。体長は10㎝でトガリネズミに良く似ていたという。そこから有胎盤類や有袋類などへ進化していくこととなるが、中生代では、恐竜の活動がおよばない夜に昆虫などを捕まえて食べていたとされる。

モルガヌコドン(© Micheal B.H.2011)

恐竜の時代

30mを超える種も出現した地球史上最大の生物たち 恐竜はなぜ巨大化したのか？

爬虫類の楽園

三畳紀末に絶滅したクルロタルシ類に代わって生態系のトップに躍り出たのが恐竜である。ジュラ紀が始まると、本格的な恐竜時代が到来する。

パンゲア超大陸が東西の２つに割れ始め、大陸の分裂で海に接する場所が増えて温暖湿潤になった。すると植物が大成長を始め、それに合わせて草食恐竜の大型化が進んだのだ。竜脚形類のなかには30m級の種も出現した。

巨大化の理由は、やはり背が高くなった植物の葉を食べるのに有利だったこと、肉食恐竜から身を守りやすいこと、体が大きいほうが体温を保ちやすいためである。

また、翼竜（爬虫類）が空を飛び回り、海にはイクチオサウルスなどの水棲爬虫類（魚竜）や、エラスモサウルスなどの海棲爬虫類（首長竜）が繁栄するなど、陸海空すべてを爬虫類が制覇した。

被子植物の登場と肉食恐竜の大型化

約１億4500万年前の白亜紀になると、活発な火山活動により二酸化炭素が多く排出され、さらに温暖化が進んだ。この時期には、実をつける被子植物が登場したことが恐竜にも大きな影響を与える。それに合わせるように草食恐竜は首の長い種類から、下草を食べるため頭の位置を低くしたトリケラトプスなどの「角竜類」や、アンキロサウルスの「鎧竜類」、マイアサウラなどの「鳥脚類」などが主流となった。彼らは多くの歯を発達させて植物を細かくすりつぶすことができた。これら草食恐竜の繁栄に合わせ、それを食べる「獣脚類」の肉食恐竜にも共進化が促され大型化が進んでいった。

なかでも北アメリカでは体長12mに達する**ティラノサウルス**が君臨。ア

地球の誕生！ 生命誕生！ 大酸化事変
46億年前 40億年前 35億年前 30億年前

フリカ大陸ではカルカロドントサウルス、南アメリカではギガノトサウルスらが地上を闊歩（かっぽ）した。

恐竜繁栄の陰で昆虫も躍進した。**昆虫は小型化して被子植物の花粉を運ぶパートナーとなることで勢力を増していった。**

海中ではアンモナイトが直径2mにまで大型化して繁栄し、爬虫類のモササウルスなどと激しい生存競争を繰り広げていた。

こうして恐竜を中心とした生態系がジュラ紀と白亜紀を通じて展開されたが、約6550万年前、突然終焉を迎えることになる。

恐竜時代の哺乳類

■クロノピオ

白亜紀の南米に生息していた、体長12cmほどの哺乳類。昆虫などの小さな動物を捕食して暮らしていた。

獣弓類と哺乳類の頭骨の違い

哺乳類は、中生代は恐竜の陰に隠れて小さいままだったが、それでもジュラ紀に哺乳形類が進化した「真の哺乳類」が誕生するなど、着実に進化を遂げていた。哺乳形類と大きく違う点はアゴの骨の変化である。哺乳形類が持っていたあぶみ骨に加え、つち骨、きぬた骨という3つの耳小骨を獲得したのだ。3つの耳小骨はすべての四肢動物のなかで、哺乳類だけが持つものだ。

この骨の獲得により、哺乳類は小さな音や高い音を聞くことができるようになり、聴覚が大きく進化した。そしてジュラ紀に哺乳類は多様化を始め、木から木へ飛び移るものや、穴を掘る種も現われる。

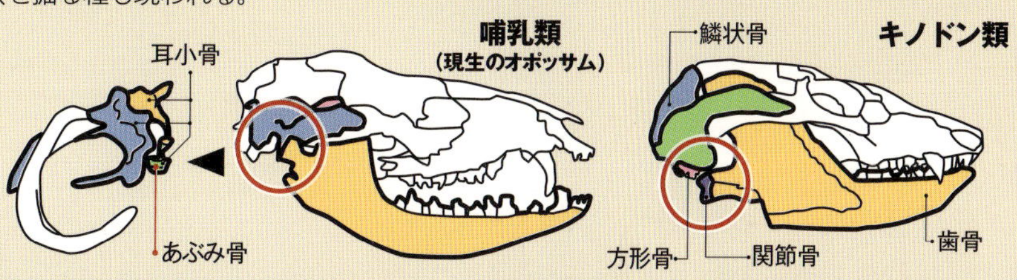

恐竜図鑑

大型化の道を選び、中生代の地球を闊歩した古代生物たち

凡例：❶体長　❷生息年代　❸生息地域　❹近縁種

鳥脚類 マイアサウラ

❶9m❷白亜紀後期❸北アメリカ❹サウロロフス、ランベオサウルスなど

発見された化石のそばで大規模な巣づくりの痕跡が見つかり、子育て恐竜として有名になった。群れで移動しながら営巣していた。

発達状態の異なる複数の幼体も発見されており、集団で子育てをしたと考えられている。

翼竜 ケツァルコアトルス

❶12m（翼開長）❷白亜紀後期❸北アメリカ❹なし

史上最大の飛行動物。多くの翼竜は海面から魚を狙って捕食するが、ケツァルコアトルスは巨体をいかして陸地にいる恐竜を襲っていた。

剣竜類 ステゴサウルス

❶9m❷ジュラ紀後期❸北アメリカ、ヨーロッパ❹チアリンゴサウルス

背中に五角形の板を備えた最大の剣竜類。

太い血管が通っており、体温調節の機能を果たしていた。

尻尾の先端部にトゲが生えており、振り回すことで肉食恐竜を追い払った。

噛む力は人間の3分の1ほどしかなく、柔らかいシダ植物を好んだ。

獣脚類 ディロフォサウルス

半円状のトサカは骨質である。求愛ディスプレイのために使われたとされている。

4本の指を持っているため、コエロフィシスの近縁種といわれている。

❶6m❷ジュラ紀前期❸北アメリカ❹コエロフィシス、クリオロフォサウルス

細く柔軟な体格をしており、頭には2枚のトサカを持っている。

新発見：映画『ジュラシック・パーク』では、猛毒を吐き出す恐竜として登場するが、化石から毒を持っていたことを判別することは難しい。

角竜類 トリケラトプス

❶9m❷白亜紀後期❸北アメリカ❹カスモサウルス、コスモケラトプス

「3本の角を持つ顔」という名前の角竜類。両目の上から生える長い角と、鼻先の短い角が特徴。

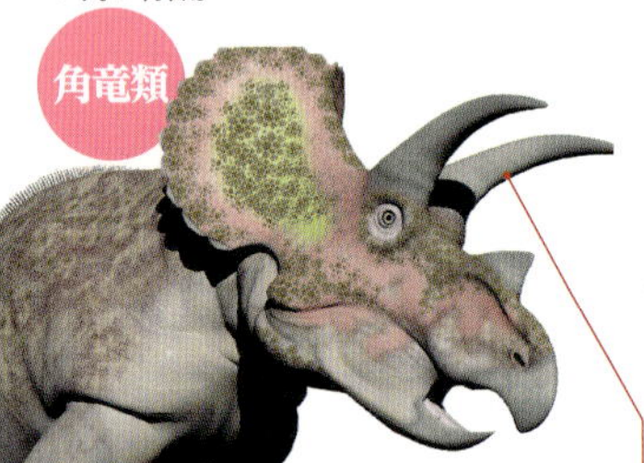

新発見：近年、トリケラトプスはトロサウルスの幼体だとする説が唱えられている。両者が同じ地層から発見され、またトリケラトプスのフリルが成長とともに似てくるためだ。

角は、敵からの防御に加え、仲間同士の力比べのために使っていた。

曲竜類 アンキロサウルス

頭から尾にかけては分厚い装甲で覆われていた。

❶9m❷白亜紀後期❸北アメリカ❹ゴビサウルス、クライトンサウルス

曲竜類のなかで最大。全身を覆った装甲によって防御力は優れているが、移動スピードは遅かった。

尾の先端には大きな骨質のハンマーがあり、身を守る強力な武器となった。

新発見：アンキロサウルスの装甲は、幼体から成体になるときに自身の骨を溶かして形成していたと2013年に発表された。

獣脚類 ティラノサウルス

アゴの筋力が極端に発達しており、一説によると57000Nもの力があったとされる。（人間は720N）

体格の割に小さな前足を持っているが、200kgの重さを持ち上げる筋力があった。

❶12m❷白亜紀後期❸北アメリカ❹タルボサウルス、アルバートサウルス、ゴルゴサウルスなど

白亜紀を代表する大型肉食恐竜。ほかの獣脚類に比べて頭骨や腸骨が発達し、強い噛む力と脚力を持っていた。

新発見：ティラノサウルスには羽毛が生えていたとする説がある。初期のティラノサウルス類の化石に羽毛が残っていたためだ。幼体は全身に羽毛が生え、成体になると体の一部分を残して抜け落ちるという説が有力である。

竜脚形類 ギガントスピノサウルス

首から尾にかけて板ではなくトゲ状の突起が並ぶ。

❶6m❷ジュラ紀後期❸中国❹ステゴサウルスル

肩甲骨の2倍もある巨大な突起を持った剣竜の仲間は、「巨大なトゲのある恐竜」という名前の由来になっている。

肩のトゲは、肉食恐竜から首を守るために有効だった。

竜脚形類 ディプロドクス

❶26m❷ジュラ紀後期❸北アメリカ❹アパトサウルス

細い体と長い尾が特徴的な竜脚形類。群れを成して行動していたことがわかっている。

長い尾は、鞭のように使っていたと考えられている。

魚竜 ショニサウルス

❶15m❷三畳紀後期❸北アメリカ❹シャスタサウルス

全長15mに達する最大の魚竜。長いアゴを持ち、4つ腹ビレはほぼ同じであった。歯は吻の前部にしか生えていなかった。

脊椎の一部しか発掘されていないが、復元すれば全体で35mを超える大きさになる。
竜脚形類
アルゼンチノサウルス
❶35m❷白亜紀❸南アメリカ
❹ゴンドワナティタン
史上最大の恐竜。90t以上の体重があったとされている。
帆の構造は、背中から高く伸びた神経棘に皮膜が張られていた。体温調節機能を備えていたとされている。
獣脚類
2mに達する頭は、魚を好んで食べていたためワニのように細長い。
スピノサウルス
❶15～17m❷白亜紀❸北アフリカ❹イリタトル
獣脚類のなかでは最も大きい種類。背中にある帆が最大の特徴。
新発見：凶暴な肉食恐竜と思われていたが、じつは魚を食べる半水生の恐竜だった。近年の研究によると、後足や骨盤が貧弱であり、陸上では四足歩行をしていたとされている。
新発見：竜脚形類は、古い図鑑などでは長い首を高く持ち上げる姿が描かれていたが、実際は首の可動域が狭く、上に向けて動かせなかったとわかり、1999年から現在のような水平の姿に変更された。
テリジノサウルス
❶10m❷白亜紀後期❸モンゴル❹ファルカリウス、セグノサウルス
巨大な獣脚類でありながら草食に適応した珍しい恐竜。前足にある巨大なかぎ爪が特徴。
獣脚類
首は長く、くちばしには歯がない。
頭の後ろに突き出た巨大なトサカは、求愛ディスプレイのみならず、声を響かせる役割を担っていた。空洞になっている内部に音を響かせ、合図の声を上げていたと考えられる。
鎌のような形をした鉤爪は、1mにもなる。植物を集めたり、シロアリの巣を破るために使われたと考えられている。
鳥脚類
パラサウロロフス
❶10m❷白亜紀後期❸北アメリカ❹ランベオサウルスなど
巨大なトサカが特徴の大型鳥脚類。同類の恐竜が群れ行動を営んでいたことから、パラサウロロフスも群れを組んでいたといわれている。
鼻先の角は、幼体のときは真っ直ぐだが、成長とともに下向きへ曲がっていく。
25cmもの厚みのある頭頂部は、防御や仲間との争いに用いていたとされている。
頭頂部は、その周りを大小さまざまなコブによって縁どられていた。
角竜類
エイニオサウルス
❶6m❷白亜紀後期❸北アメリカ
❹セントロサウルス、スティラコサウルス
フリルの外側から生える2本の角と、下向きに湾曲した鼻先の角が特徴。
厚頭竜類
パキケファロサウルス
❶7m❷白亜紀後期❸北アメリカ❹ランベオサウルス、チンタオサウルス
ドーム状に丸く盛り上がった頭頂部をもつ恐竜。二足歩行で俊敏な活動をしていた。
首長竜
エラスモサウルス
❶14m❷白亜紀後期
❸北アメリカ❹フタバスズキリュウ
海棲爬虫類のなかでもっとも首が長く、体長の半分以上を首が占める。初期の首長竜には28個しかなかった椎骨を、エラスモサウルスは71個も持っている。
前足の第1指がスパイク状になっており、第2、3、4指は互いに接着されている。第5指は独立で曲げることができる。
噛む力は強くないが、柔軟に開くアゴ関節を持っていた。
長い尾にはハンマーがついてなく、代わりに先端まで鎧に覆われていた。
獣脚類
アロサウルス
❶9m❷ジュラ紀後期❸北アメリカ、ヨーロッパ❹フクイラプトル、ネオベナトル
ジュラ紀を代表する肉食恐竜。化石の発掘状況から、大型草食恐竜に積極的に挑んでいったことがわかる。
曲竜類
サウロペルタ
❶5m❷白亜紀前期❸北アメリカ❹ノドサウルス
装甲が背面全体に及んでおり、「トカゲの盾」という意味の名前がつけられている。
鳥脚類
イグアノドン
❶10m❷白亜紀前期❸ヨーロッパ❹ムッタプラサウルス、カンプトサウルス
最初に研究された恐竜。四足歩行と二足歩行両方できる。

鳥類の誕生

鳥類と爬虫類の特徴をあわせ持つ始祖鳥の誕生！
恐竜はなぜ鳥へと進化できたのか？

図解始祖鳥—恐竜から鳥へ

ジュラ紀の間に獣脚類の一部から、保温のために羽毛を全身に生やすものが現われた。ドロマエオサウルスやヴェロキラプトルなどには羽毛が生えていたといわれる。そうしたなかから、羽毛を徐々に飛翔用の風切り羽へと進化させ、同時に肩や腕、足指の関節も変化した始祖鳥が登場。鳥へ近づいていった。

鳥になった恐竜

恐竜が繁栄するなか、一部の獣脚類は飛行能力を持つ鳥への進化を始めていた。それが1860年にジュラ紀後期の層から化石が発見された羽の生えた恐竜、「始祖鳥」である。ほかにも鳥に似た獣脚類の化石が30以上も発見されている。

いったい恐竜はどのように鳥類へと進化を遂げていったのだろうか。

恐竜はもともと二足歩行や軽量化された体、効率の良い呼吸システムである気嚢など、鳥へと進化する素質を持っていた。そこから全身におよぶさまざまな変化を起こして進化していったようだ。

まず一部の獣脚類から、保温のために全身に**羽毛**を持つ種が現われた。最初に発見されたのはシノサウロプテリクスで、全長は1mほどだったという。この保温用だった羽毛が運動の補助や装飾用として活用されることで左右対称の羽へと発達。前足には翼ができ始めた。ヴェロキラプトルのように前肢が翼になった羽毛恐竜もいるが、飛翔はできなかったようだ。

この左右対称の羽が飛翔用の風切り羽へと進化、翼を持つ鳥となり飛行能力も手に入れていったのである。

それに合わせて腕が左右にふれるよう肩の関節や筋肉が変化し、大きな胸骨を持つようになった。さらに足の指の関節も枝をつかみやすいように変わっていった。

こうした翼、肩や腕、足指の関節の進化の過程を経てやがて羽毛恐竜の一派から始祖鳥が出現する。ただし始祖鳥は鳥類と爬虫類の両方の特徴をあわせ持っていた。翼と羽毛を備えていたが、鳥にはないはずの歯のあるアゴと翼にかぎ爪が残されていたのだ。また、大きな胸骨を持っていないため、遠くまで飛ぶことはできなかった。木から飛び立って滑空し、短い距離で昆虫を捕まえていたと推測される。また孔子鳥は、歯はなかったが翼にかぎ爪は残されていた。

これらはまさに爬虫類から鳥へという進化をたどった証といえる。その後のジュラ紀後期から白亜紀にはすでに多くの種類の鳥が生息していたといわれている。

ヴェロキラプトル
体長：2m／生息年代：白亜紀後期／生息地域：中国
扁平な長い鼻づらを持つ小型の獣脚類。1993年の映画『ジュラシック・パーク』では羽毛のない姿で登場したが、その後羽毛の存在が有力視されるなかで、羽毛恐竜として描かれるようになった。

進化のPOINT 気嚢の存在

恐竜の一派が鳥へと進化できたのは、鳥に適した呼吸構造を持っていたのも一因である。

哺乳類は息を吸って肺に新鮮な空気を送り込み、息を吐いて体内の空気を外へ出すという肺呼吸を行なっている。一見ごくふつうの呼吸法だが、じつは鳥は息を吸ったときも吐いたときも常に肺に新鮮な空気を送り込むことができるのである。それは肺の前後に備えられた気嚢という構造による。

息を吸うと新鮮な空気が肺と後気嚢に流れ込み、前気嚢が肺の古い空気を吸い出す。息を吐くと前気嚢の古い空気が排出され、後気嚢の新鮮な空気が肺に流れ込むという超効率のよい呼吸システムなのである。このおかげで鳥は酸欠状態に陥ることなく、高い高度を飛行することができるのである。

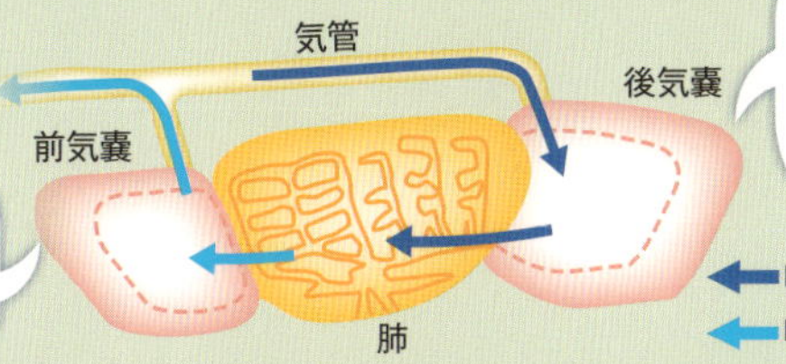

恐竜大絶滅

陸の王者を滅亡へと追い込んだカタストロフィの原因とは？

白亜紀末期の大量絶滅

長きにわたり繁栄を謳歌してきた恐竜だったが、約6550万年前に突如絶滅してしまう。このとき絶滅したのは恐竜だけではない。すべての動植物の75%が姿を消す大絶滅となった。

大絶滅の原因は長年謎とされてきたが、**主に火山活動による長時間の環境変化という「火山説」と、突発的な宇宙から飛来した「隕石説」があげられ論争の的となってきた。**しかし近年では隕石落下に伴う地球環境の変化を原因とする説がほぼ定説になっている。

まず隕石説の根拠はいくつかあるが、最大の理由は元素イリジウムが異常な濃度で世界各地の白亜紀末期の地層から発見されたことだ。イリジウムは地表には少なく一部の小惑星などに含まれるものである。

さらに、1990年代にメキシコのユカタン半島沖で、直径約180kmという巨大クレーターの痕跡が見つかったことで隕石説が決定的となった。ほかにもクレーターの周辺地域で災害の痕跡がみられ、特殊な物質が数多く発見されたことなども根拠となっている。

地球に大変動をもたらした隕石の衝撃

隕石が落下し、どのような現象が起こって恐竜は絶滅したのか。現在考えられている過程は次のようなものだ。

それは約6550万年前に起こった。直径10km前後の小惑星が突然火の玉となって地球に向かって落下し、現在のメキシコ、ユカタン半島沖の浅海底に激突した。**爆発のエネルギーは火薬**

絶滅の流れ3 草食恐竜の絶滅

隕石の衝突によって舞い上がった粉塵が大気を覆い、太陽光が届かなくなった。また大気中に放出された三酸化硫黄が硫酸となって濃硫酸の雨をもたらしたともいわれる。結果、植物が枯れ、まず草食恐竜が滅亡する。

巨大隕石はどこへ落ちた!?

隕石衝突説の論文が発表されたのは、1980年のことである。それからクレーター探しが行なわれること11年、ついに直径約180kmにも及ぶ円形構造がユカタン半島北端の地下に埋没しているのが発見された。これがチチュルブ・クレーターである。

では地下にあるクレーターの位置をなぜ特定できたのか。

それは、天体衝突時の衝撃で変形したと見られる石英が含まれていたことだ。クレーターから遠くなるにつれ、石英が少なく隕石の衝撃が広がった様子を示していた。ほかにも、ユカタン半島北側の地下に重力異常が確認されたことも特定の材料になった。

隕石衝突から恐竜絶滅へ

繁栄を極めていた恐竜だったが、約6550万年前に突如絶滅してしまう。原因は長年、論争の的だったが、近年では隕石説がほぼ定説となっている。

100兆t分を超える大規模なものだったという。衝突の衝撃が直径180kmという巨大なクレーターを作り出し、周辺は猛烈な爆風に襲われ、一瞬にして樹木はすべてなぎ倒された。高温の火柱が噴き上がり、大規模な森林火災が巻き起こり生物も植物も焼き尽くされていく。さらにクレーターに流れ込んだ海水があふれ出して、周辺では305mに達する巨大津波が起こり、マグニチュード11以上の地震にも襲われた。周辺の生物は瞬時に壊滅しただろう。

この大災害を免れた生物たちも地球規模の環境変動により滅亡に追いやられていく。衝突によって発生した煙やすすなどが舞い上がり酸性雨となって降り注ぐ一方、数年にわたり地球上を漂い大気を覆った。そのため太陽光が遮られ、地球は暗く寒冷化していく。何より光合成ができなくなった植物がまず枯れていった。それらを食料にしていた草食恐竜が死滅し、それらを食べていた肉食恐竜も絶滅したとみられている。ほかの生物の多くも恐竜と同じ運命をたどった。酸性雨が降り注いだ海も酸化され、海中のアンモナイトなど水棲生物の多くも絶滅した。

こうして地球上の多くの動物が死滅し、地球にはまた新たな生態系を構築する余地が生じる。

Column 生き残った哺乳類

この大絶滅事件で生態系の頂点にいた恐竜は絶滅したが、すべての生物が滅亡したわけではない。絶滅と生存の境目は、基本的には個体の重量にあると考えられる。たとえばヘビ類、カメ類、ワニ類などは軽量で、食事量が少ないため食料が少なくても生き延びることができたのだ。

また、海中では浅瀬に生息していた生物は滅亡したが、深海の生物はこの事件を乗り越える。

一方、哺乳類のなかには虫や死骸を食べるものもいた。これらの哺乳類は食物連鎖と異なる腐食連鎖にいたことから、光合成が停止した後も生き残った。さらに淡水生物も地上から流れる有機物を食べていたため、食物連鎖の崩壊の影響をあまり受けなかった。

Chapter02で覚えておきたい8つのキーワード

●種

植物、または動物の種類を指す言葉で、生物の分類および存在の基本的な単位。生物の分類は、「界→門→綱→目→科→属→種」と分かれ、種は属の下位にある。共通する形態的特徴を持ち、同じ種に属するものは交尾して子を作ることができ、子自身も子を持つことができる。

●脊椎動物

背骨を持つ動物で、哺乳類のほか、鳥類、爬虫類、魚類、両生類は皆これに当たる。脊椎は頭から尾まで伸びるしなやかな棹のような構造の脊索を持っていた脊索動物から進化したと見られている。

これに対し、背骨のない動物を無脊椎動物という。

●恐竜類

中生代に陸上で栄えた爬虫類。肉食性と草食性があり、「恐竜」の名称は、ギリシア語の「恐ろしい(deinos)」および、「トカゲ(sauros)」に由来する。骨盤の形によって竜盤類と鳥盤類とに大別され、4足ないし5足で直立歩行を行なう種であり、魚竜・翼竜・首長竜は恐竜の範疇には含まれない。

●進化

あらゆる生命が共通の祖先から時間をかけて遺伝的に変化し、環境に適応しながら徐々に発達していくこと。正確には生物進化という。

現在最古の生物とされる化石は、約37億年前の原核生物であると考えられ、約15億～10億年前に真核生物への進化を遂げた。

さらに約7億年前から約6億年前にかけて最初の多細胞動物が現われ、生物の進化は多様化していった。

●超大陸

古生代から中生代にかけてはロディニア超大陸、パンゲア超大陸の形成と分裂があったと見られる。

恐竜時代のパンゲア超大陸は、約2億4000万年前に形成され、現在の世界の陸地をほぼ含んでいたとみられる。

約1億8000万年前にのちに、ゴンドワナ大陸とローレンシア大陸に分かれ、前者は南アフリカ、インド、オーストラリア、南極の陸塊を、後者は北アメリカとユーラシアの陸塊をそれぞれ形成した。

●大量絶滅

ひとつの種類の動物、または植物が完全に死に絶えることを絶滅と言う。それに対し、短期間のうちに多数の種が消滅することを大量絶滅という。

地球史においては、オルドビス紀末、デボン紀後期、ペルム紀末、三畳紀末、白亜紀末の5回発生している。

とくに規模が大きかったのがペルム紀末のもので、わずかの間に地球上の約9割の生物が死滅してしまった。

●節足動物

昆虫やクモ類、エビやカニなどを含む最大の動物群で、全動物門のなかで最も種類が多い。100万種を超えるといわれ、全動物のうちの7割以上を占める。地球上のあらゆる環境に適応した形で棲息し、生活も多様化している。

また、攻撃の方法もよく発達しており、毒腺や毒針、鋏などによって身を守る。また防御手段も逃避潜伏から、保護色、擬態、擬死など変化に富んでいる。

●単弓類

頭骨の目の後ろに「弓」と呼ばれる開口部(側頭窓)を持つ種。「噛む」際に収縮する側頭筋が弓に収納することを可能としたことで、より発達した側頭筋を持つことができるようになった。また、開口部のない種は無弓類と呼ばれ、ウミガメ類、リクガメ類などがこれに当たる。さらに2対の開口部を持つのが双弓類で眼窩のすぐ後ろに弓を持つ。恐竜類のほか、トカゲ、蛇、鳥類などが含まれる。

Chapter 03 人類の進化

——地球に生まれた最もか弱い脊椎動物の一種が、
地上を制覇した理由とは？

■恐竜絶滅後の世界で覇権を握った生物とは？
■哺乳類は、なぜ大量絶滅を生き延びることができたのか？
■世界最高峰エベレストは、どのように生まれたの？
■２種類の猿人。運命を分けた意外な習慣の違いとは？
■脳の大きさも、体格も、特別に優れていたわけではない
ホモ・サピエンスが生き残れたワケとは？

人類進化のミステリーを解き明かす！

恐鳥類の時代

恐竜絶滅後の地上で覇権を握った体高２ｍを超す大型生物とは？

フォルスラコス
体高３ｍ／分布：南アメリカ
第三紀の南アメリカで生態系の頂点に立った巨鳥。走りに特化した強力な脚と、巨大なくちばしを持つ最大45cmの頭部を持っていた。

フォルスラコスがスミロドンと餌を巡って争っている。

恐竜の消えた世界

環境変動は恐竜をはじめ、多くの生物を死滅させた。6500万年前の寒冷化した平原に、もはや大型動物の姿はなく、小さな生き物が息を潜めるようにして生き延びていたに過ぎない。

しかし、厳しい環境のなかでも、絶滅を逃れた一部の生物が、環境に順応しながら進化を遂げ、次の食物連鎖の頂点に立った。**それが体高２ｍを超す大型の鳥類「恐鳥類（きょうちょうるい）」だった。**

彼らは体が小さかったからこそ白亜紀末の大量絶滅を生き延びることができたわけだが、恐竜という脅威から解放されたことで飛ぶことをやめ、悠々と餌を確保しながら、次第に巨大化していった。大きいことは子孫を残す仲間との闘いに有利で、しかも、外敵から身を守るにも有利だったからだ。

それに対し、馬の最古の先祖とされるヒラコテリウムのように、小型の哺乳類は恐鳥類の標的とされた。

地上の覇権を握った恐鳥類

恐鳥類のなかで、北半球の王者となったのはディアトリマ（ガストルニス）だ。5700万年前頃に出現したと推測されている鳥類で、ヨーロッパと北アメリカで繁栄した。頭までの高さは２～2.5ｍ、後頭部からくちばしの先端までが45cm、体重は約200kgという巨大さで、飛ぶことをやめたので翼の長さはわずか20cmほどだったが、長さ25cmもの大きなくちばしと強力な咀嚼（そしゃく）筋を持っていた。

これまでディアトリマは哺乳類を捕食する肉食の鳥とされてきたが、2013年、ディアトリマの化石に含まれるカルシウムが解析された結果、じつは植物を食べる種であることが判明し、その見方が変わってきている。

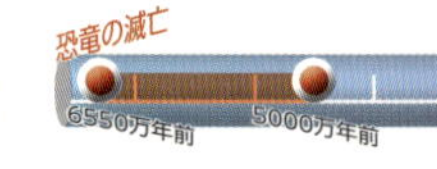

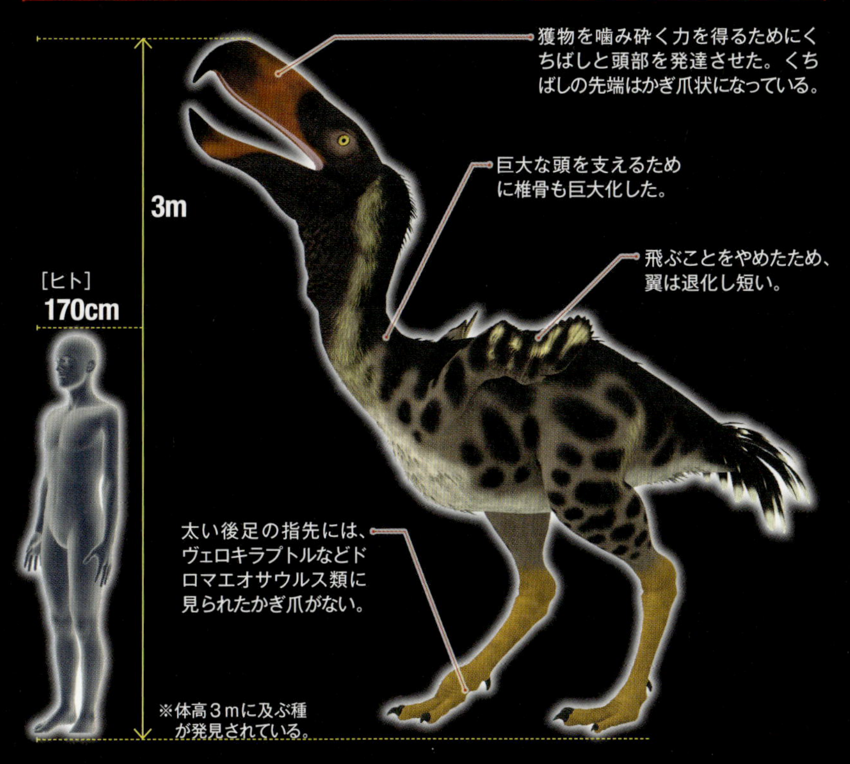

一方、南半球では、南アメリカでフォルスラコスが君臨していた。背丈の大きさはディアトリマと同じぐらいだったが、やや軽量で、その姿はダチョウに似ていたと考えられている。

大きなくちばしと、足の指に大きな爪を持っており、非常に俊敏に動いたと推定されている。

フォルスラコスは、岩陰や穴に隠れる小さな哺乳類を見つけては捕食していた。**こうした巨鳥の時代は、6500万～4500万年前まで続いたと考えられている。**

哺乳類の繁栄

哺乳類はどのように大量絶滅を生き延びた？

生き残った哺乳類

寒冷化していた地球は、およそ5500万年前に突如温暖化した。この温暖化は急激で、1万年の間に地球の平均気温が5～7℃も上昇したと推定されている。この温暖化の時代に、一気に勢力を広げたのが哺乳類である。

哺乳類は中生代から多様化が進んでいたが、モルガヌコドンやメガゾストロンのようにその多くは小型で、昆虫を主食としており、おそらく夜行性だったとみられている。ところが恐竜が絶滅したことで、彼らは夜から昼の世界へ進出し大型化した。

ただし、大量絶滅を生き延びることができた哺乳類は、「真獣類（しんじゅうるい）」と「有袋類（ゆうたいるい）」に限られる。 真獣類は現生哺乳類のほとんどが属するグループで、体内で子を育てる胎生（たいせい）であり、有袋類はカンガルーに代表されるお腹の袋で子を育てるグループだ。卵で産むより確実に子を育てることが、生き延びた大きな要素だったわけだ。

さらに、この2つのグループは食べ物を切り、すりつぶすことができる発達した臼歯（きゅうし）を持っていた。ほかの哺乳類の臼歯は前歯と同じように薄かったのに対し、真獣類と有袋類は高度な咀嚼（そしゃく）能力を持つ臼歯を備えていたのである。

こうして白亜紀末期の大量絶滅を乗り越え、巨鳥の脅威から逃れながら生き延び得ていた哺乳類が、温暖化で森林が生まれたことで一気に勢いづいた。その結果、アジアで進化した肉食哺乳類が北アメリカへ渡り、巨鳥ディアトリマが5000万～4500万年前頃までに滅ぼされた。

海へ帰った哺乳類

哺乳類のなかには、海への進出を果た

ユースミルス
始新世後期のヨーロッパや北アメリカに登場した捕食性の大型ネコ。体長は2.5mにおよぶ。極度に発達した犬歯や短い脚、小さな顔が特徴。

したものもいた。5000万年前に登場した最古のクジラといわれるパキケトゥスは、オオカミのような姿をした動物で系統的にはカバ科に属しているが、クジラと同じ耳骨で音を捉える仕組みを持っていた。やがて100万年ほど経過すると、体長3mほどのワニのようなアンビュロケトゥスへと進化し、約4000万年前にはドルトンやバシロサウルスという流線型の体を持った海中遊泳タイプのクジラへと進化したのである。

こうしてさまざまな形に進化した哺乳類は、2300万年前に始まる新生代新第三紀、再び転機を迎えた。それは南極大陸の誕生により地球が寒冷化したことがきっかけとなる。**地球は寒冷化によって乾燥。現在の熱帯雨林のような環境は赤道付近だけとなり、それ以外の地域には草原が誕生した。**草原が発達するとウシやウマのような草食に適した反芻（はんすう）動物を中心に、草食動物が一気に数を増やした。それとともに草食動物を獲物にする肉食動物も増え、そうしたなかで勢力を増していったのがネコ科の仲間であった。

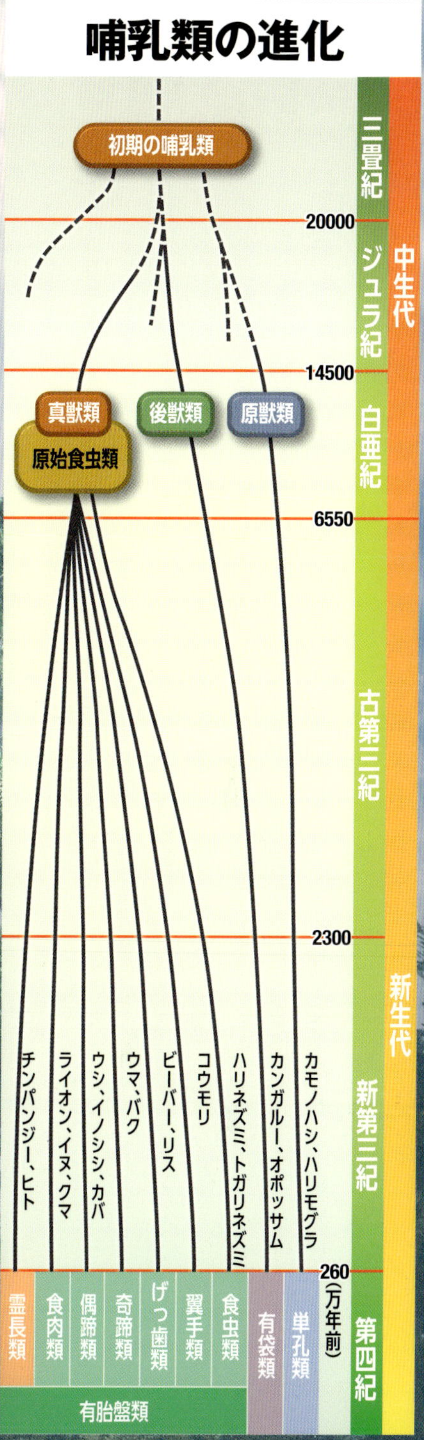

哺乳類の進化

初期の哺乳類
真獣類
原始食虫類
後獣類
原獣類
三畳紀
20000
ジュラ紀
中生代
14500
白亜紀
6550
古第三紀
2300
新生代
新第三紀
260（万年前）
第四紀
チンパンジー、ヒト
ライオン、イヌ、クマ
ウシ、イノシシ、カバ
ウマ、バク
ビーバー、リス
コウモリ
ハリネズミ、トガリネズミ
カンガルー、オポッサム
カモノハシ、ハリモグラ
霊長類
食肉類
偶蹄類
奇蹄類
げっ歯類
翼手類
食虫類
有胎盤類
有袋類
単孔類

パラケラテリウム

高い場所にある葉を食べるために体長7.5mの大きさに進化した巨大哺乳類。サイ上科の本来は、始新世末期～漸新世後期のユーラシア大陸を生息地とし、北米大陸には生息せず、北米には同科で小型のヒラコドンがいた。

この時期は花を咲かせる被子植物が裸子植物を圧倒した時代だった。裸子植物が個体と個体の間に花粉を飛ばす空間が必要である一方で、被子植物は動物によって受粉するために密生する。その結果、被子植物が温暖化によって優勢となり各地で密林が形成された。

始新世後期（4000万年前）の北米大陸の風景

地球が急激に温暖化した時代だった。北極近くまで深い森林に覆われ、それに伴い動物たちも生息地を広げながら環境に適応する形で進化していった。

絶滅した大型哺乳類

凡例：1体長 2生息年代 3生息地域 4分類

中生代 白亜紀

新生代

古第三紀（暁新世、始新世、漸新世）

6550万年前

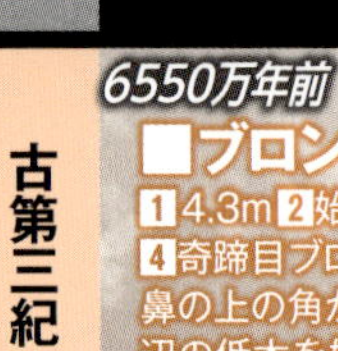

■ブロントテリウム

1 4.3m 2 始新世後期 3 北アメリカ
4 奇蹄目ブロントテリウム科
鼻の上の角が特徴的な草食動物。水辺の低木を好んでいたため、乾燥化が進むと絶滅した。

肩付近の背骨の棘突起が非常に高く発達しており、大きな頭部を支える強力な筋肉の接着点となっている。

鼻の上にＹ字に割れた高い角を生やしている。前頭骨が伸びたもので、突き合わせて戦うことがあった。

歯冠が低いため、柔らかい低木の歯を食べていた。

アンドリューサルクス

1 3.7m 2 始新世後期 3 モンゴル
4 メソニクス目トリイソドン科
最大の陸生肉食獣で、1m以上もある巨大な頭を持つ。漸新世を待たずして気候変動により絶滅。

特徴的な大きな口。すり減った歯の化石から、大型の獲物を仕留めていただけでなく、腐肉を食べていたと推定される。

新第三紀（中新世、鮮新世）

2300万年前

雄のスミロドンは、現生のライオンのようなたてがみがあったとされている。

犬歯は縁がのこぎり状で、切断能力を高めていた。アゴ関節が120度以上も開く。

■スミロドン

1 2.5m 2 更新世
3 北南アメリカ大陸 4 食肉類ネコ科
「剣歯虎」とも称される、ネコ科の肉食獣。長い犬歯や強力な四肢を使って獲物を狩っていた。

耳の上から生えた２本の角は前方へ大きく湾曲する。

鼻先の角は途中でＹ字に分かれている。

キプトケラス

1 2m 2 中新世前期 3 北アメリカ
4 哺乳綱偶蹄目プロトケラス科
シカのように見えるが、ラクダの仲間であるプロトケラス科の一種。

第四紀（更新世、完新世）

260万年前

鼻の上に長い角、後ろに短い角を一本ずつ持っていた。前方の角が1ｍに達する個体もいた。

熱の損失を軽減するために耳が小さくなっている。

■ケブカサイ

1 4m 2 鮮新世後期～更新世末期
3 ユーラシア全域 4 奇蹄目サイ科
体重３～４tにも達する大型のサイ。氷河期を代表する動物で、更新世にはイギリスからシベリアまで幅広くユーラシア大陸に分布していた。

氷期の寒さに耐え抜くために全身が毛に覆われていた。

皮骨に守られた尾の先端には、トゲ状の突起が付いており、高い攻撃力を持っていた。

防御のために体全体が皮骨と呼ばれる鎧に包まれていた。

ドエディクルス

1 2.4m 2 鮮新世後期～更新世
3 南アメリカ
4 被甲目グリプトドン科
南米大陸に生息していた巨大アルマジロ・グリプトドン科の仲間。グループ内では最大種である。

生存競争に敗れ、氷河期に消えていった原生動物の祖先たち

パラケラテリウム
❶7.5m❷始新世末期～漸新世後期
❸ユーラシア全域❹奇蹄目ヒラコドン科
肩の高さまでは地上から4.5mもある、史上最大の陸上哺乳類。内温性動物である哺乳類は大きいほど熱がたまりやすいため、パラケラテリウムが陸上哺乳類の限界の大きさで、気温が上がる昼間を避けて夜間に行動していたという見方もある。

柔軟な上唇を活かし、上アゴの切歯を使って高いところの枝を食べていた。

四肢が長いため、体格の割に速く走ることができた。

2000年にドイツで発掘された化石には、個体のなかに胎児の化石があることが確認され、解析が完了した2015年には世界最古の有胎盤類の化石として認定された。

エウロヒップス
❶70cm❷始新世前期❸ヨーロッパ
❹奇蹄目ウマ科
小型犬ほどの大きさしかなかった、世界最古のウマの仲間。

エンテロドン
❶3m❷始新世後期～漸新世後期
❸北アメリカ、アジア
❹ 鯨偶蹄目エンテロドン科
強いアゴを持ったイノシシの仲間。雑食性であったとされている。

頭骨が体に比して大きく、頬骨が突き出ているのが特徴。

鼻骨が分厚いため、現生のゾウよりも鼻が太くて短かった。

デイノテリウム
❶5m❷中新世中期～更新世前期
❸ユーラシア全域、アフリカ
❹長鼻目デイノテリウム科
アフリカからユーラシアに広がっていったゾウの仲間。パラケラテリウムの次に大きな陸生哺乳類である。

下アゴから下方に向けて大きく湾曲する牙を持っている。木の葉を食べやすくするために牙に枝をひっかけて自分のほうに引き寄せたといわれている。

上向きの鼻孔は、鼻づらで地面を掘り返していたためである。

ダエオドン
❶3m❷中新世❸北アメリカ
❹鯨偶蹄目エンテロドン科
イノシシに似た大型の草食動物でサイほどの大きさがあった。

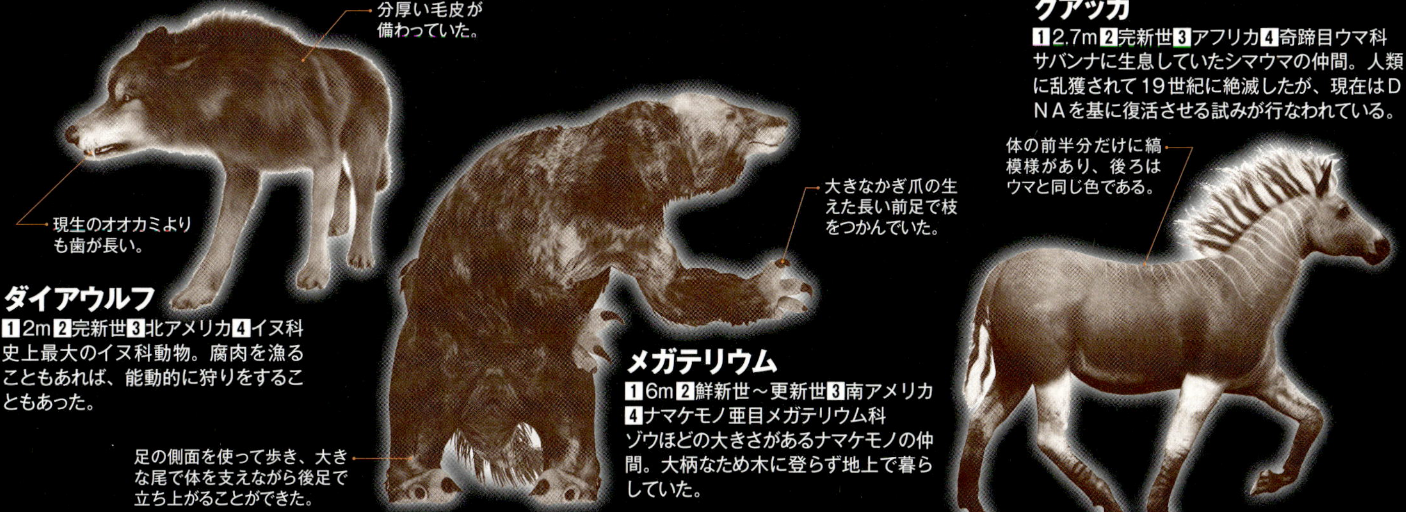

分厚い毛皮が備わっていた。

現生のオオカミよりも歯が長い。

ダイアウルフ
❶2m❷完新世❸北アメリカ❹イヌ科
史上最大のイヌ科動物。腐肉を漁ることもあれば、能動的に狩りをすることもあった。

大きなかぎ爪の生えた長い前足で枝をつかんでいた。

足の側面を使って歩き、大きな尾で体を支えながら後足で立ち上がることができた。

メガテリウム
❶6m❷鮮新世～更新世❸南アメリカ
❹ナマケモノ亜目メガテリウム科
ゾウほどの大きさがあるナマケモノの仲間。大柄なため木に登らず地上で暮らしていた。

クアッガ
❶2.7m❷完新世❸アフリカ❹奇蹄目ウマ科
サバンナに生息していたシマウマの仲間。人類に乱獲されて19世紀に絶滅したが、現在はDNAを基に復活させる試みが行なわれている。

体の前半分だけに縞模様があり、後ろはウマと同じ色である。

メガリス崩落

プレートの残骸の崩落が引き起こした地球レベルの構造変化とは？

温暖化原因の新説

哺乳類が台頭する要因となったおよそ5500万年前の地球の温暖化は、どのような原因によって起きたのだろうか？ 地球温暖化は現代の我々にとっても深刻な問題となっているが、当時は当然ながら人為的な影響など考えられない。では、何が地球を一気に温暖化させたのか？

当時の急激な温暖化の原因は大量のメタンガスが大気中に放出され、温室効果を高めたことが原因だったとされている。そのメタンガスを発生させたのが、メタンハイドレートを含んだ地層の崩壊だったという。

メタンハイドレートとは、水分子とメタン分子が結びついてできる氷状の結晶のこと。メタンは、石油や石炭にくらべ、燃焼時の二酸化炭素排出量が約半分であるため、将来、有効な新エネルギー源とされており、日本近海は世界有数の埋蔵量があるともされている。

さらに地層崩壊の原因を探ってみると、火山噴火のためだとか、海流が変化したためなどの諸説があり、はっきりしない。

メガリス崩落

ほぼ時を同じくして、地球の地下でも大きな出来事が起こっていたことが、近年の研究で明らかになりつつある。プレート運動によって海溝へ沈み込んだ海洋プレートの末路は、地下600～700kmの地点で、どんどん溜まり、大きな岩石のかたまりをつくっていた。厚さ100kmの岩石が、左右1000kmにわたって存在していたらしい（メガリス）。

そして5000万年前のあるとき、自重に耐え切れなくなったメガリスは、一気に地球深部へと崩落。その影響は、それまでの地上のプレート運動の向きを変えたり、新たに海溝や火山帯を生んだりするものだった。ホットスポットで知られるハワイの海山の列の向きが途中で大きく変わっていることや、火山島である小笠原諸島の誕生も、このメガリス崩落が要因だったと考えられている。

プルーム

Process 04
メガリス崩落を受け、それに押される形で周辺のマントルの一部がスーパープルームとなって上昇していく。

地球環境を一変させたメガリス大崩落

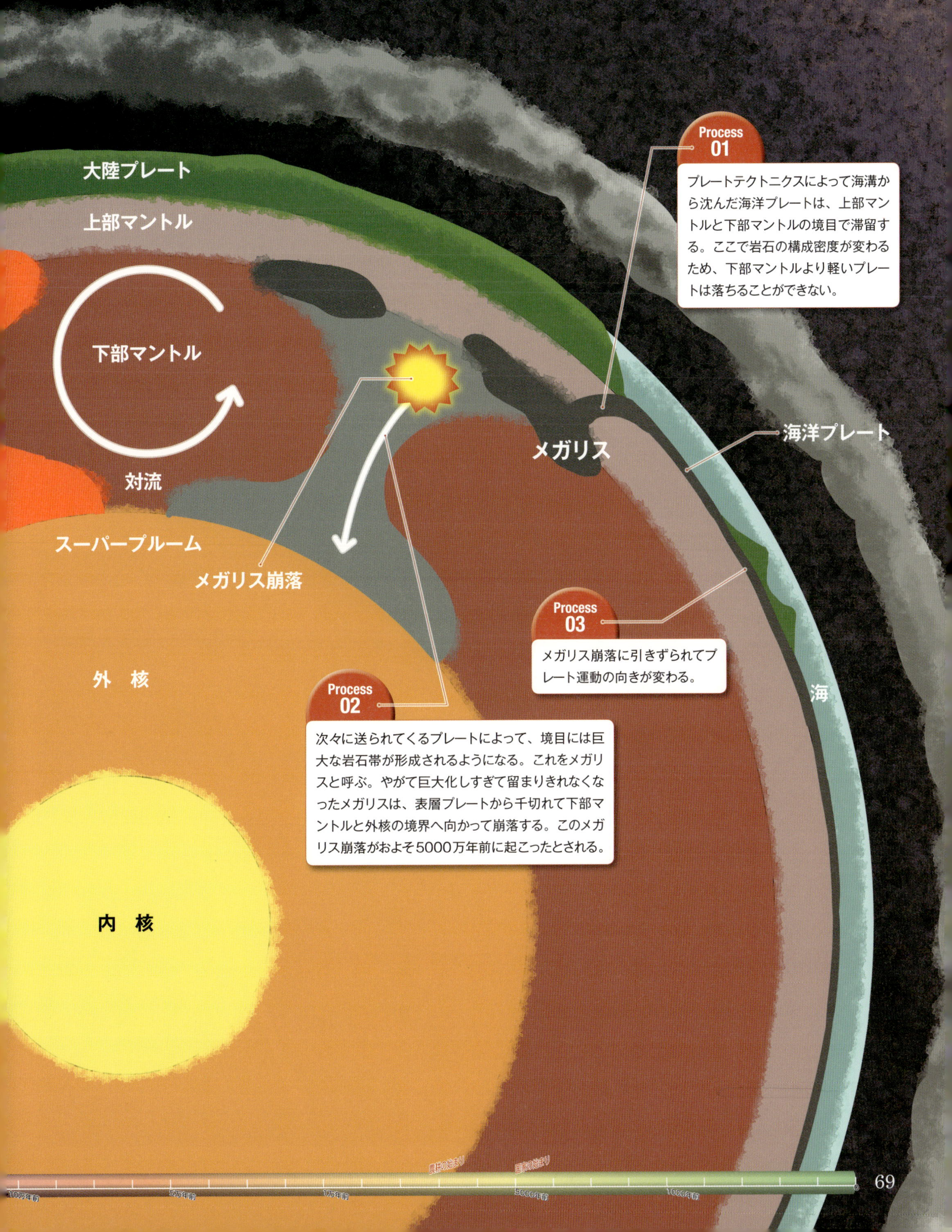

大陸プレート
上部マントル
下部マントル
対流
スーパープルーム
メガリス崩落
メガリス
海洋プレート
海
外　核
内　核

Process 01

プレートテクトニクスによって海溝から沈んだ海洋プレートは、上部マントルと下部マントルの境目で滞留する。ここで岩石の構成密度が変わるため、下部マントルより軽いプレートは落ちることができない。

Process 02

次々に送られてくるプレートによって、境目には巨大な岩石帯が形成されるようになる。これをメガリスと呼ぶ。やがて巨大化しすぎて留まりきれなくなったメガリスは、表層プレートから千切れて下部マントルと外核の境界へ向かって崩落する。このメガリス崩落がおよそ5000万年前に起こったとされる。

Process 03

メガリス崩落に引きずられてプレート運動の向きが変わる。

ヒマラヤ山脈の形成

インド亜大陸の北上が生み出した世界最高峰誕生のメカニズム

大陸衝突の影響

インドとユーラシアの境界にそびえるヒマラヤ山脈は、8000m級の山が14も連なり、「世界の屋根」と呼ばれている。そのなかで最高峰とされるのがチョモランマ（エベレスト）だが、なんとこの山の頂上からは三葉虫など古代の海の生き物の化石が発見されている。なぜか？ **それは、ヒマラヤ山脈が海底の隆起によって誕生した山脈だからである。**海底隆起の理由は、大陸プレート同士がぶつかったからだ。

通常、プレートが衝突するときは、海洋プレートが大陸プレートの下に潜り込む。しかし大陸プレート同士がぶつかると、一方が乗り上げてしまうことがある。

今から約２億5000万年前、インドは超大陸パンゲアの一部だった。パンゲアは北半分が「ローレンシア大陸」、南半分が「ゴンドワナ大陸」と呼ばれ、２つの大陸の間に「テチス海」があった。

そのパンゲアが２億年ほど前に分裂し、南半球にあったゴンドワナ大陸の一部だったインド亜大陸は、南極の近くから北へと移動し、赤道を越えて、5500万～4500万年前、ついに北緯10度ほどの位置でユーラシア大陸に衝突したのである。

このとき、ユーラシアプレートが、インド亜大陸が乗るインド・オーストラリアプレートの上にのりあげた結果、インドとユーラシア大陸の間にあった海底が押し上げられて誕生したのがヒマラヤ山脈なのだ。さらに、この大陸同士の衝突によって、大地が海に押し出され、中国南部とインドシナ半島が形成されたという説もある。

山脈が生んだインドの土壌

この地殻変動は気候にも大きな変化をもたらした。ヒマラヤ山脈が形成されたことで、インド洋で発達した高気圧から、ヒマラヤ・チベット地域の低気圧に向かって湿った季節風「モンスーン」が吹き込むようになる。ところがモンスーンは8000mの高さを越えることができないため、大量の雨をインド北部に降らすようになった。

インド亜大陸は現在も北上を続けており、そのため、ヒマラヤ山脈もわずかながらに高さが変化している。さらに、オーストラリアもインドと同じプレートにあるため、年間7cmの速度で北上しており、**このまま北上すれば5000万年後にユーラシア大陸に衝突、合体するとされている。**

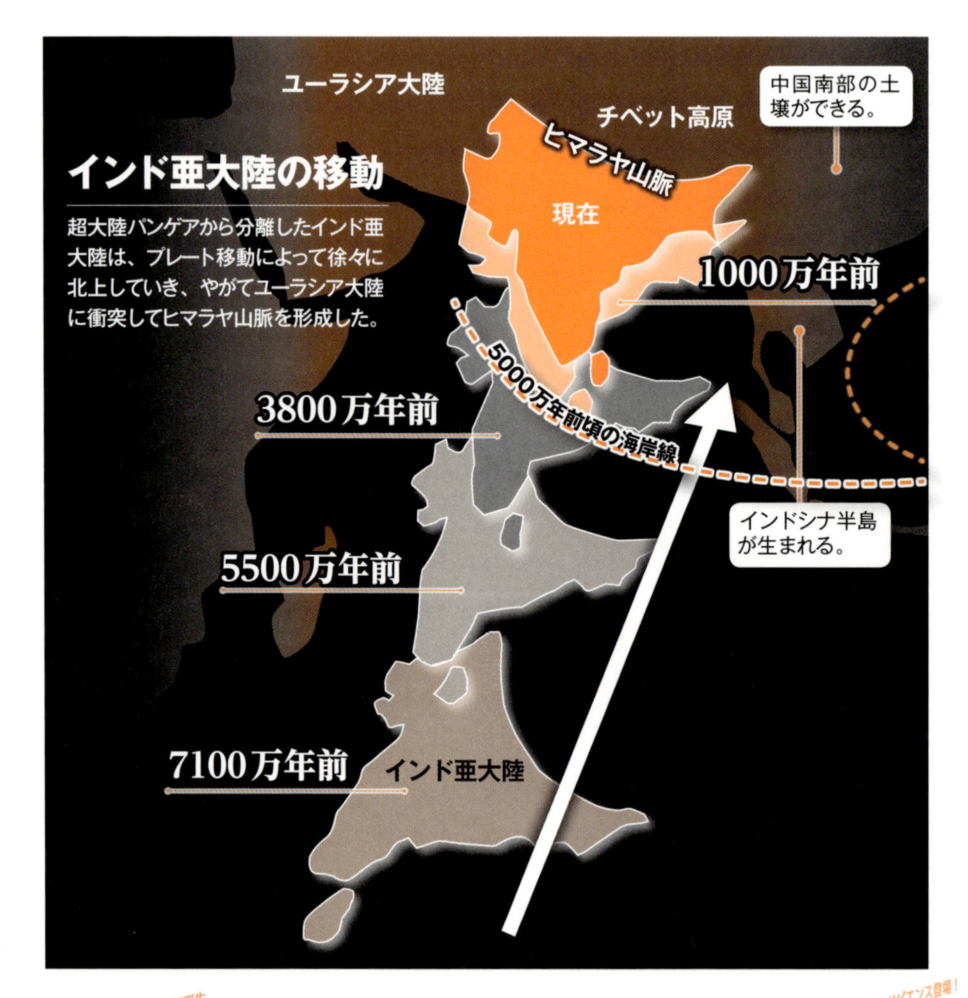

ヒマラヤ形成までの３段階

ユーラシア大陸とインド亜大陸の間には、テチス海が広がっていた。そこへインド亜大陸が近づいていくと、テチス海の海底が隆起。徐々に浅くなって、海自体が消滅した。さらに隆起は続き、8000m級のヒマラヤ山脈を形成するに至った。クジラなどの化石がヒマラヤの高地で発見されるのはこのためである。

5500万年前

インド亜大陸の北上によって徐々にテチス海が浅くなっていく。
テチス海の海底には、堆積物がおよそ10～15kmも積もっていた。
ユーラシア大陸
インド亜大陸
アジア大陸
テチス堆積物
ゴンドワナ堆積物
テチス海
海洋プレート

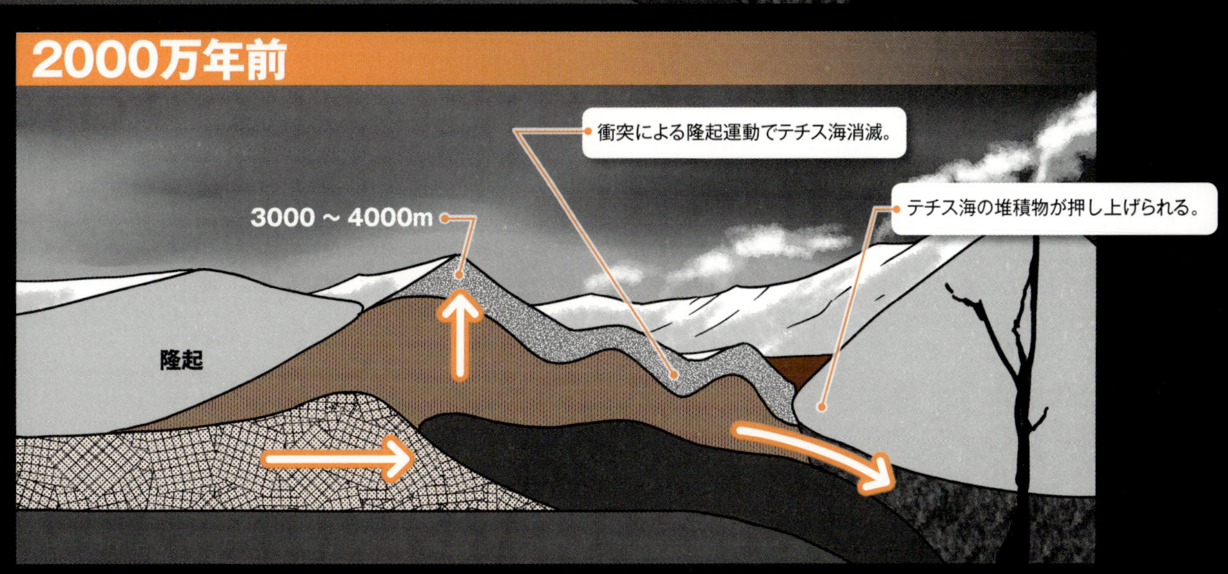

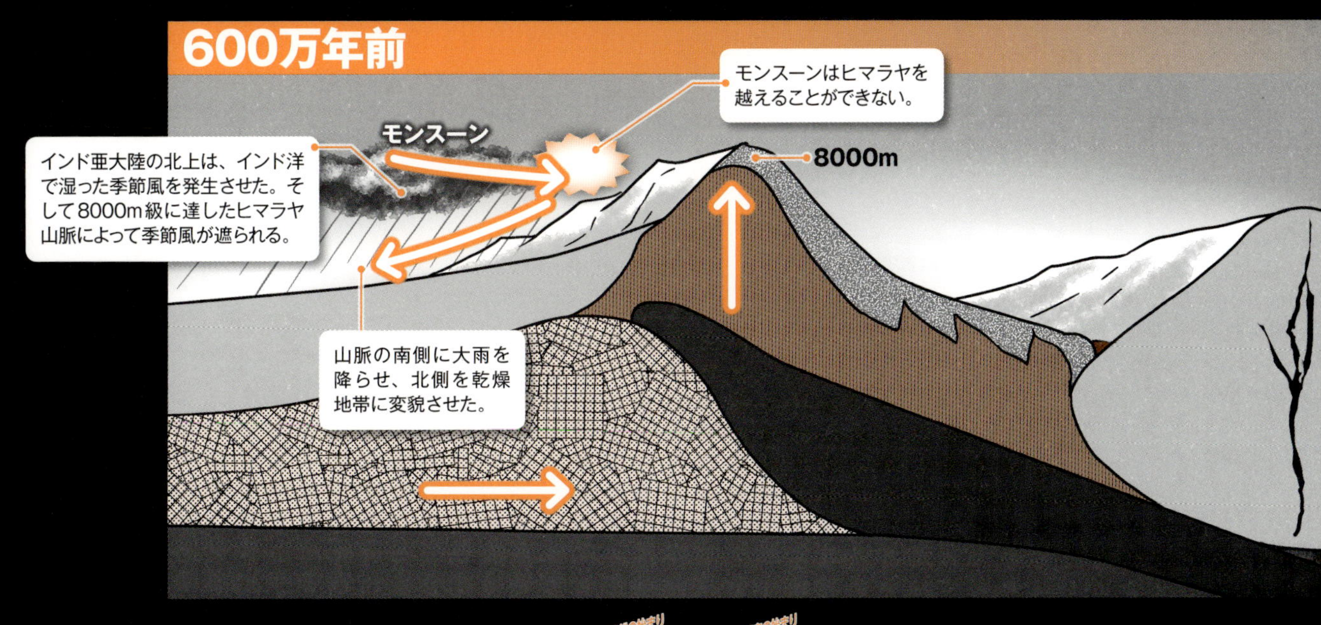

Column テチス海の浅瀬で進化したクジラ類

インド亜大陸がユーラシア大陸へ向かって進んでいた5000万年前頃、隆起が始まったテチス海は広大な浅瀬となっていた。浅瀬はプランクトンが繁殖するため、さまざまな生物がやってくる。

そこへやってきたのが、クジラ類の祖先といわれる原クジラ類のパキケトゥスだ。パキケトゥスはアザラシのような外見であったと見られ、まだ陸上での生活を主としていた。

やがてパキケトゥスのあとに登場したプロトケトゥスの胴体は流線型になり、後肢が小型化。初期の大型クジラであるバシロサウルスへと進化していった。

10万年前　5万年前　1万年前　5000年前　1000年前　0

260万年〜1万年前
［新生代／第四紀］

氷期と間氷期

今後も急速な冷却化が起こる!?
なぜ周期的に氷期と間氷期が訪れるのか？

地球に訪れた氷期

ヒマラヤが形成され、モンスーンが生まれるなど、現在の地理や気候に近づいたかに思えた地球だが、その後、第四紀に入ると、またも激動の時期を迎えた。地球規模の寒冷化が起こり、氷期が到来したのである。

第四紀は、約260万年前から約1万年前までの更新世と現代まで続く完新世に分かれる地質年代で、氷期が始まる更新世初期は、ホモ・エレクトス(→81ページ)の北京原人やジャワ原人が出現し、人類が急速な進化を遂げていた時期である。この更新世の間に地球は、氷期を4回、それぞれの氷期の間に間氷期を経験しており、**現代を含む完新世は、最終氷期の後の後氷期と呼ばれる**。しかし今後、急速な寒冷化が起こる可能性も捨てきれない。

周期的に地球を寒冷化させた氷期

では、なぜ氷期と間氷期が交互に訪れるのか？　この周期を解き明かす有力な仮説が、ミランコビッチ・サイクルである。

ミランコビッチ・サイクルとは、セルビアの地球物理学者M・ミランコビッチが発表した説だ。**彼は、氷期が訪れる要因のひとつは、周期的に起きる地球の楕円軌道のズレや、自転軸の傾きの変化に関係があると考えた**。地球の公転軌道は常に一定ではないし、現在23.4度の自転軸の傾きも周期的に変動している。こうした要素が絡み合った結果、地表に届く太陽光の量が増減し、気温が大きく変化するというわけである。

約4300万年前頃から南極に形成され始めた氷床は、第四紀になって北半球にも形成され始めた。氷期になるとこの氷河が成長して緯度の低い陸地を覆っていく。また海水が氷となって陸上に蓄積されるため、海の水位が低下する。その結果陸地が増え、6万年前にはシベリアと北アメリカが陸続きとなった。

第四紀には本格的な寒さに適応した動物が北半球を中心に登場。ホラアナライオンやケブカサイ、ケナガマンモスなど大型哺乳類が現われ、氷期の大陸変動を受けて大陸間を移動し、生態系に大きな変化をもたらした。

人類はこうした動物たちと同時代を生き、時に襲われ、時に狩猟の対象としながら生存競争を繰り広げつつ、世界に拡散していくこととなる。

氷河期の風景

約300万年前に北米大陸と南米大陸がつながり、暖流が大西洋沿岸に沿って北上するようになった。海水温が上昇すると雲ができやすくなり、山岳地帯から雪や氷河で覆われていくことになった。

更新世
ジェラシアン期 カラブリアン期 中期（チバニアン？） 後期
δ¹⁸O（0/00）
3.0 3.5 4.0 4.5 5.0 5.5
間氷期 間氷期 間氷期
地磁気反転
ギュンツ氷期 ミンデル氷期 リス氷期 ウルム氷期
▲氷床減少 氷床増大▼
2.5 2.0 1.5 1.0 0.5 0.0
年代（×100万年）

ケナガマンモス

体長：7m（体高5m）
生息年代：鮮新世～更新世後期
生息地域：北米・ユーラシア・アフリカ
現生のゾウの類縁種。世界中でホモ・サピエンスの狩りの対象となり絶滅した。ケナガマンモスが良く知られるが、マンモスは広範囲に生息し、毛のないコロンビアマンモスや、最大種のステップマンモスなどいくつかの種が各地に生息していた。

なぜ氷期が訪れるのか？
―ミランコビッチサイクルの三要素―

ミランコビッチは、周期的に変動がある地軸の傾き、ぐらつき、離心率の三要素をもとに寒冷化の周期性を導きだした。

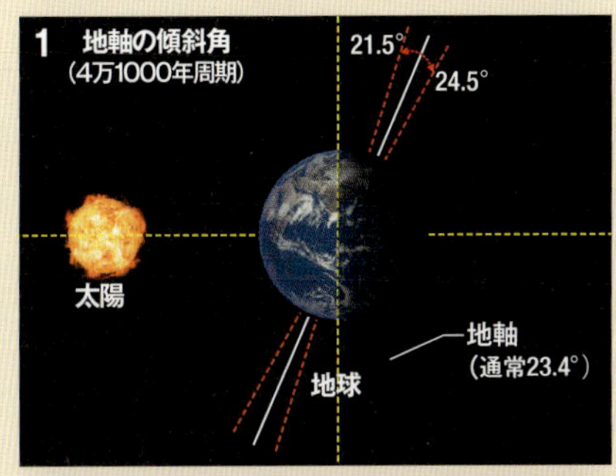

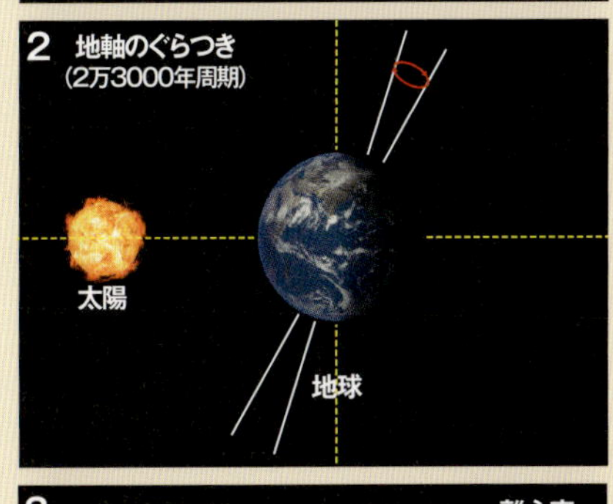

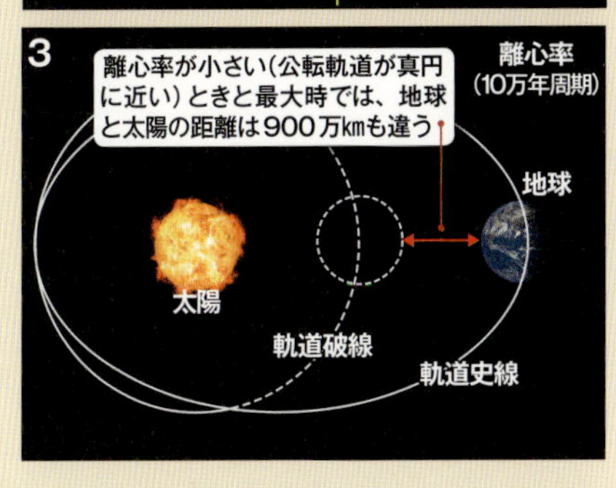

Column 日本の地名がつくかもしれない新しい地質年代

更新世の前期（ジェラシアン期・カラブリアン期）と中期の境目にあたるおよそ77万年前には、地球のN極とS極の磁場が逆転する現象も起きた。この磁場の逆転を顕著に読み取れる場所が千葉県市原市の養老川沿いにあることから、世界的に注目されている。

更新世は4つの時代に区別されており、約260万年前から約180万年前は「ジェラシアン」、約180万年前から約78万年前は「カラブリアン」と、その時代を代表する地層があるイタリアの地名が付けられているが、中期および後期にはまだ名前がない。そこで、更新世の中期に「チバニアン」と名付けられる可能性が出てきたのだ。長い地球の歴史のなかに、日本の地名が登場する可能性が出てきたわけで、大いに期待が高まっている。

霊長類の登場

霊長類進化のミステリー！ ヒトの祖先はいつ生まれたのか？

サルから類人猿へ

我々人類を含むサルの仲間を霊長類という。哺乳類が多様な進化を遂げたなか、霊長類が誕生したのは、恐竜滅亡後の6550万年前から5600万年前までの暁新世（ぎょうしんせい）だといわれており、現生の霊長類（れいちょうるい）の祖先となった最初の典型的な種は、暁新世後期のモロッコに生息したアルティアトラシウスである。さらに、次の始新世（ししんせい）に入ると、アダピス類とオモミス類が出現し、霊長類は急速に多様化した。

霊長類は、目が正面を向いていて遠近感を捉えやすい仕組みを持っており、また、手足が枝などを掴みやすい構造になっている。これらの特徴から、樹上での生活に適したように進化していったことがわかる。

アダピス類は、その後、ロリス、ガラゴ、キツネザルの祖先となり、オモミス類は、マーモセットなどの広鼻（こうび）猿類、ヒヒ、ニホンザルなどの狭鼻（きょうび）猿類、そしてゴリラやチンパンジー、ヒトを含む類人猿へと枝分かれしていった。

類人猿からヒトへ

『人類の進化大図鑑』（アリス・ロバーツ編著、馬場悠男日本語版監修／河出書房新社）によると、現在最古の類人猿の可能性が指摘されているのは、2700万～2400万年前のアフリカに生息していたチンパンジーほどの体格を持つカモヤピテクスとされる。

カモヤピテクスのような類人猿共通の祖先から、ゴリラやヒトなどが分かれていく過程は、化石やDNA解析によって、次のように推測されている。

まず、1300万年前と800万年前に、それぞれオランウータンとゴリラが枝分かれし、700万年前頃に、チンパンジーの共通祖先からヒトが分かれたと考えられている。

こうしてみると、最も人類に近いのはチンパンジーであり、両者が分かれた当時は、遺伝子情報は同じだったことになる。

その後、別の種になってから進化を続けた結果、遺伝子情報も変化したのだが、**2002年に行なわれたヒトゲノムの塩基配列の解読によると、なんとチンパンジーのゲノムと、ヒトのゲノムの全遺伝子情報は99％同じであると結論づけられたのだ。**

ただ、2004年5月の『ネイチャー』では、「ゲノムの差は1％だが、体内で働いている遺伝子では約8割が異なっている」という結果も発表されており、ヒトとチンパンジーは似て非なるものというのが実際のようだ。

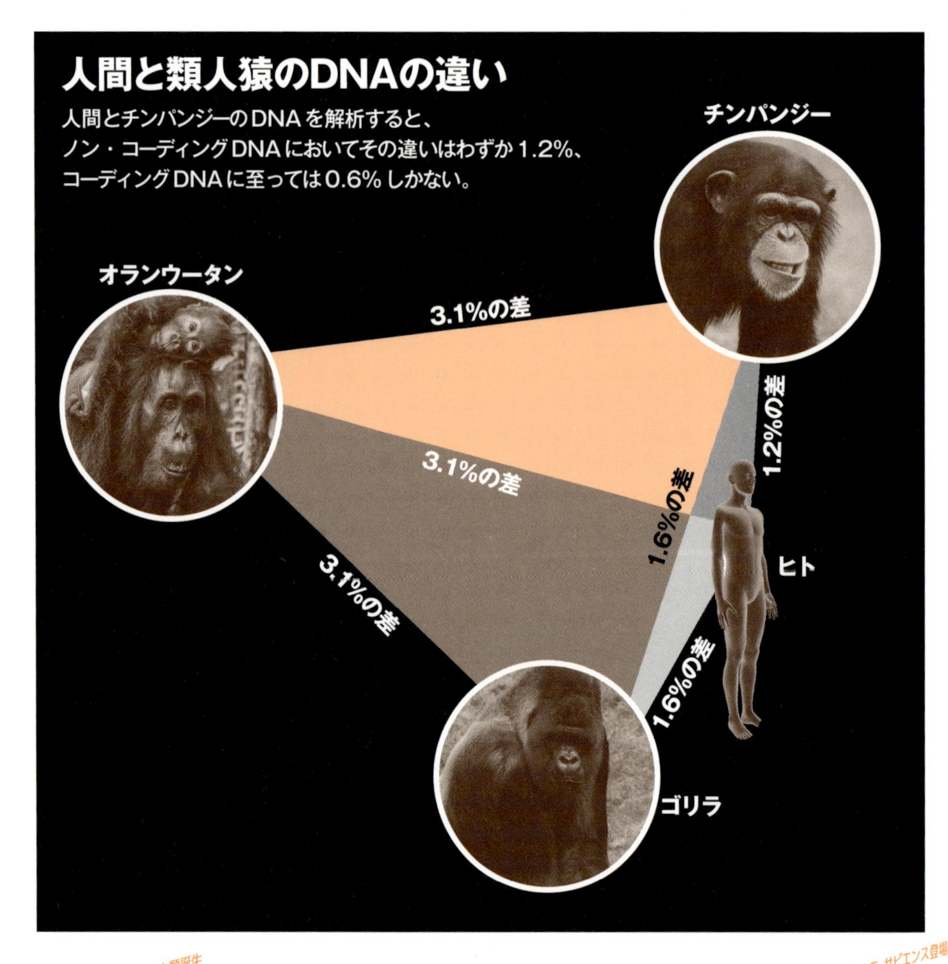

霊長類の進化系統―サルがヒトになるまで

プレシアダピス類と分かれたヒトの祖先は、オモミス類から派生した類人猿へと進化し、新生代の1300万年前にオランウータンと、800万年前にゴリラとに分派した。最も近いチンパンジーの祖先と分かれたのはおよそ700万年前のこととされる

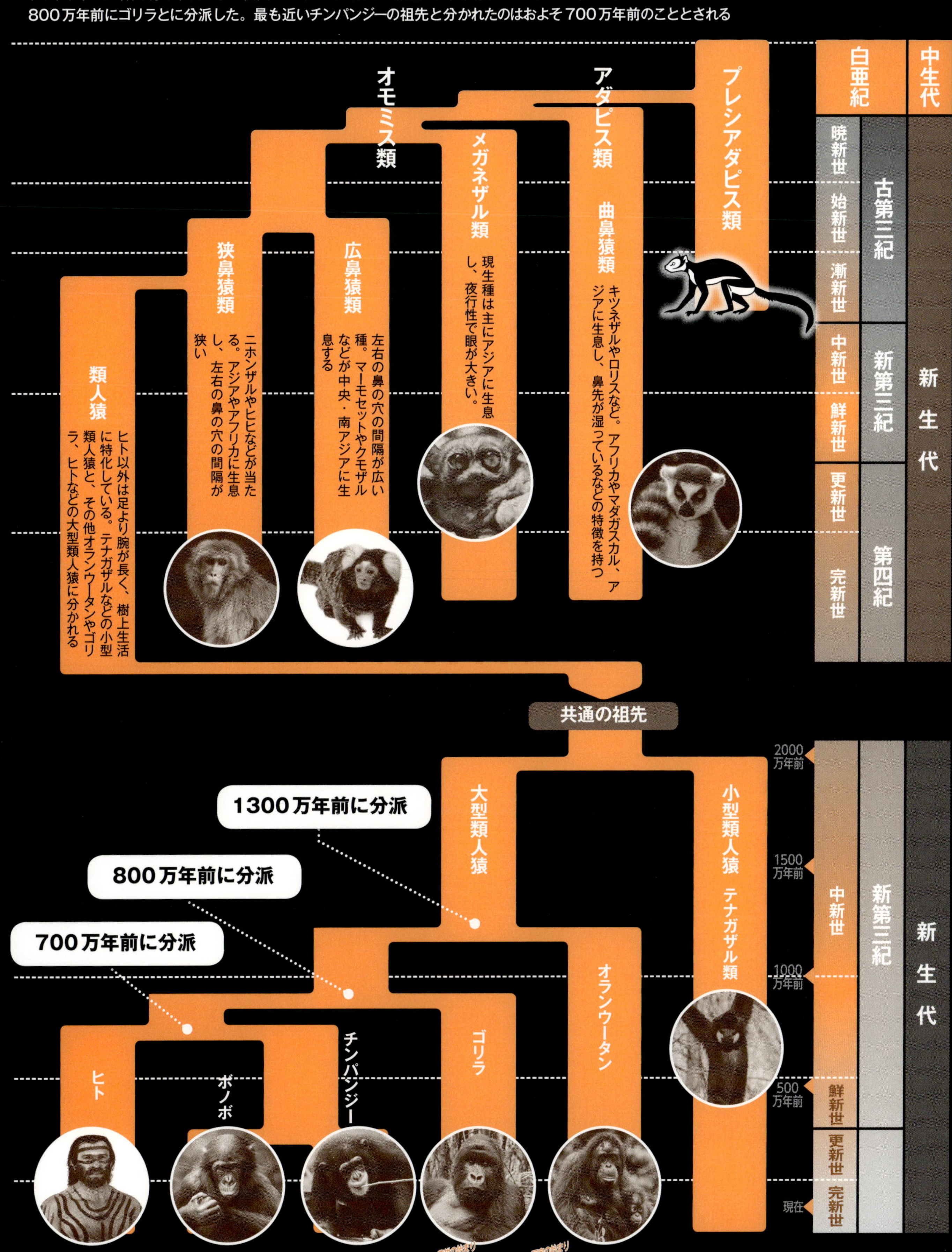

700万年前
［新生代／第三紀］
（第四紀・更新世中期）

最古の人類、初期猿人

直立二足歩行をきっかけに脳が発達！
21世紀に発見された人類の祖先進化の謎

人類誕生の歴史をひもとく

かつて人類の進化は、猿人に始まり、原人、旧人、新人の過程で進んだとされてきた。

しかし、その後の研究により、じつは猿人より古い人類種が存在したことや、さまざまな人類種が登場して生存競争を繰り広げながら現代へ至ることがわかってきた。

その結果、猿人から新人に至る区分も正確なものでなくなってきたのだが、本書では便宜上、この分類によって人類の歴史をたどっていく。

では、その歴史をひもといてみよう。

現在、最古の人類とされるのが、約700万年前頃のアフリカで、チンパンジーとの共通祖先から分かれた最古の人類といわれるサヘラントロプス・チャデンシス（トゥーマイ猿人）である。2001年にアフリカのチャドで発見された人類で、ここから約430万年前頃までの人類を、猿人よりさらに古い初期猿人と呼ぶ。

初期猿人は、森林で直立二足歩行を開始し、開けた大地を歩き回るようになった。彼らが直立二足歩行を開始したことは、チンパンジーとの骨格の違いから明らかだ。

まず上体の重さを支えるために骨盤が広くなった。足の指は歩行に特化したことで短くなり、親指の向きも、他の指と同じ方向になったのだ。手の指に類人猿のようなナックル・ウォーキングを行なった形跡もないという。また、頭蓋骨と繋がる大後頭孔（だいこうとうこう）の位置も頭蓋骨の真下にあり、直立二足歩行に適した変化を遂げたのである。

その後、450万年前頃にはアルディピテクス・ラミダスが現われた。ここまでが初期猿人である。彼らは小柄で、女性の背丈はチンパンジーと同じ120㎝ほどで、脳もまだチンパンジーと同じ300～380㎤ほどでしかなかった。

初期猿人の食生活

彼らは森に住み、主に果実を食べていたと考えられている。

まだ道具も使わず、狩りも行なわない初期猿人だったが、彼らが立ち上がり、二足歩行を始めたことは、人類に大きな変化をもたらした。直立歩行となったことで、手の自由を確保した人類は、脳を大きく発達させていく。

これにより知恵が発達し、言葉を覚え、道具を使うこともできるようになったのだ。

もし、彼らがずっと樹上生活を続けていれば、今の人類は誕生しなかっただろう。**ホモ・サピエンスへ向かう進化の一歩は、初期猿人が直立二足歩行を始めたことに尽きると言っても過言ではない。**

エチオピアのアワッシュ川流域で発見されたアルディピテクス・ラミダス（ラミダス猿人）の骨

初期猿人および

アフリカ大地溝帯周辺ではアルディピテクスなどの初期猿人、アウストラロピテクスやパラントロプスなど猿人の化石が次々に発見され、人類発祥の地と考えられている。

恐竜の滅亡　人類誕生　ホモ・サピエンス登場！
6550万年前　5000万年前　1000万年前　500万年前　100万年前　10万年前

骨格比較—チンパンジーからヒトへ

チンパンジー

目の上の骨が隆起しているのは、咀嚼の力が強いことを示す。

脊髄の通る大後頭孔は頭骨の後方よりに空く。

幅が細長い骨盤。

木登りのために腕が長い。

前足の指はナックル・ウォーキングに適した形をしている。

平行な大腿骨。

アウストラロピテクス

ラミダス猿人で脳容量は300～370㎤、アウストラロピテクス・アファレンシスで387～550㎤。

大後頭孔が下を向いている。直立二足歩行の証拠とされる。

現生人類に比べ手が長く足が短い。

骨盤の下部は長く、樹上生活への適応もうかがえる。

ホモ・サピエンス

目の上に隆起がない。

頭骨は大きめ。1000～2000㎤に達する脳が収納されている部分が高くなっている。

歯が小さい。

樽型を取る胸骨。

大後頭孔は下を向いている。

大腿骨は膝に向かって内側に向いている。

指先は細長く、道具の扱いに適している。

足の指が並んでついており、安定をもたらしている。

猿人の主な出土地

[トロスメナラ遺跡]

サヘラントロプス・チャデンシス（トゥーマイ猿人）の出土地。現在最古の化石人類であり、生存年代は700万～600万年前に遡るとされる。

[トゥルカナ湖西岸]

パラントロプス・ボイセイなどが出土した遺跡。

[ハダール遺跡]

「ルーシー」の愛称で知られるアウストラロピテクス・アファレンシスの発見地。

[アワッシュ川流域]

アルディピテクス・ラミダス（ラミダス猿人）、アルディピテクス・カダバなどの出土地。

[オルドヴァイ]

猿人のみならず、同地では様々な年代の化石人類が発見されている。

[マカパンスガット]

[スタークフォンテイン]

[タウング]

初期人類として初めて認められたアウストラロピテクス・アフリカヌスの発見地。

農耕の始まり　国家の始まり

10万年前　5万年前　1万年前　5000年前　1000年前　0

2種の猿人

運命を分けた食生活の違い！
なぜ華奢型猿人が生き残り、頑丈型猿人が滅亡したのか？

2種の猿人

初期猿人の痕跡は約430万年前頃に消え、420万年前頃、アウストラロピテクスが登場する。アウストラロピテクスというと、かつては最古の人類とされてきた猿人であり、アファレンシス、アフリカヌス、ガルヒなどの種が確認されている。1974年に全身の40%におよぶ骨格が発見され、「ルーシー」と呼ばれるアファレンシスの女性は、身長1mほどで足が短く、腕を頭上に伸ばすことが多かったと見られる。これは樹上生活の長さを示しているが、足の裏には、土踏まずの存在が認められ、より直立二足歩行に特化した体に進化していることがわかる。やがてアウストラロピテクスは178万年前頃に姿を消し、次の段階へ進化する。

ただし、この時代の猿人にアウストラロピテクスのほかにももう一種、270万～120万年前のパラントロプスが存在

ラエトリの火山灰土上に残っていた360万年前のアファレンシスの足跡。足跡は2人のもので、片方は体格が大きく、3人目が後方を歩いていたと考えられている。かかととつま先の部分がほかの部分より深くくぼんでいることから、現生人類に近い歩き方をしていたと推測される。

アウストラロピテクス
身　長：1.51m／体重：42kg
脳容量：387～550㎤
※アウストラロピテクス・アファレンシス
現生人類よりも長い腕を持ち、樹上生活に適応した体型であったが、肋骨が類人猿とは異なって樽型を取り、人類に近い。

恐竜の滅亡　人類誕生　ホモ・サピエンス登場！
6550万年前　5000万年前　1000万年前　500万年前　100万年前　50万年前

した。この種はアウストラロピテクスと同じ猿人とされているが、アウストラロピテクスは「華奢型猿人」で、パラントロプスは「頑丈型猿人」に分類される。

華奢か頑丈かを分けるのは、体格ではなく、頭骨の大きさである。ともに体型はチンパンジー程度なのに、後者の頭の大きさはゴリラ並み。華奢型に比べ、頑丈型のパラントロプスは、とにかくアゴと歯が大きく頑丈にできているのだ。とくに小臼歯や大臼歯が発達していて、食物を噛む面積は、現代人の2倍ほどもあったと推測される。

それほど食べる能力が高ければ、さぞかし強い種だったろうと思うのだが、結果的にパラントロプスが滅び、華奢なアゴや歯のアウストラロピテクスが次の段階への進化を果たしたのである。

頑丈型猿人滅亡の秘密

なぜ、頑丈型が絶滅し、華奢型がヒト属の祖先となりえたのか？　その違いは、食べ物にあった。

パラントロプスは、150万年もの間生息し続けたが、その間、ずっと粗食だったのだ。かつては樹木が豊富で、柔らかく栄養価の高い果実を食べることができたが、300万年前頃から地球上の樹木が減り、草原が増えてきたため、潤沢に果実を得ることができず、結果的に硬くて栄養価の低い野生のイネ科植物や根茎などを食べるしかなくなった。栄養価が低いので、食べ続けるしかなく、その結果、アゴと臼歯が巨大化したものの、食べることだけに時間を費やしたために、脳を発達させることはできなかったらしい。

逆に、アウストラロピテクスは、肉を食べることを覚えた。**栄養価が高いものを食べていた彼らは、一日中食べ続ける必要がなくなり、空いた時間で脳を使うようになり、脳が発達した。**300万年前のアウストラロピテクスの脳容量は500㎤前後だったが、そこから枝分かれした原人のホモ・エルガスターは、ほぼ倍の900㎤前後の脳を獲得したのである。食文化の違いが、生存競争の勝敗を決したといえよう。

アウストラロピテクスとパラントロプス

370万年前に登場したアウストラロピテクス・アファレンシスが現生人類の属するヒト属の祖先とされ、猿人には土踏まずができるなど、より地上生活に特化した体型に進化していた。一方で、パラントロプスという種も存在していた。彼らは頑丈なアゴを持ち、アウストラロピテクスよりも体格の良い種であり、300万年前の地球環境に適応していたが、さらなる環境の変化と肉を食べない種であったことから生存競争に敗れていったとされる。

大脳の発達

生存競争のために生物はそれぞれがさまざまな部位を進化させてきた。

恐竜のように大型化するものもあったが、ヒトが選んだのは大脳を進化させることであった。

生物の脳の進化は進化の過程で元からあった脳に新しい機能を持つ脳を追加することで脳を発達させてきた。それゆえ人間の脳の奥には、魚類や両生類から受け継がれた、食べる、眠るといった基本的な行動を司る機能が存在する。

哺乳類は大脳に新皮質を獲得したことが進化の重要なポイントとなった。この新皮質は運動や言葉、視覚や聴覚を司り、とくに人間は将来を予測し、計画を立て、感情をコントロールする前頭連合野が大きくなっている。

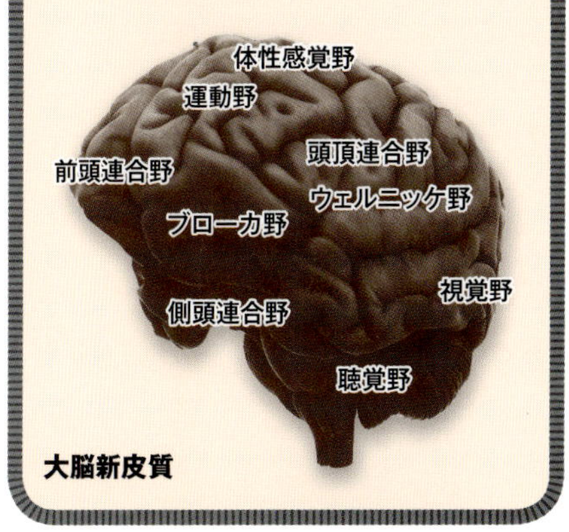

農耕の始まり　国家の始まり

10万年前　5万年前　1万年前　5000年前　1000年前

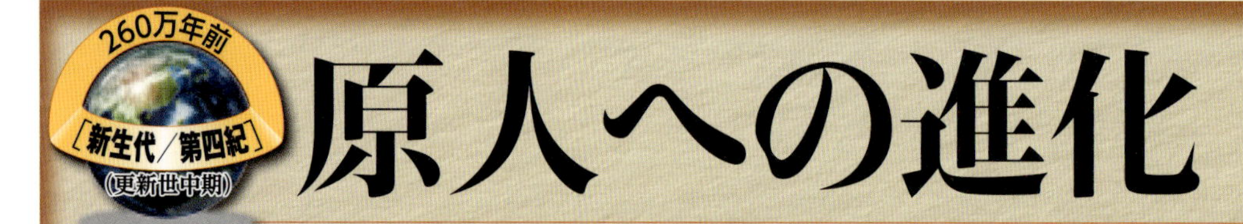

原人への進化

進化を重ねアフリカから世界へ旅立った「はじまり」のヒト属の姿とは？

最初のヒト属

生物は「界→門→綱→目→科→属→種」と段階的に分類される。現生人類は「ヒト科ヒト属ヒト種」であり、アウストラロピテクスは同じヒト科であるものの、アウストラロピテクス属である。だが、**1960年にタンザニアのオルドヴァイ渓谷で発見された化石人類は、ほかの猿人とは異なる特徴を持ち、「ホモ・ハビリス」と名付けられた。最初のヒト属である。**

240万～160万年前のホモ・ハビリスの時代以降、150万年前までの間に、進化段階が異なる何種類もの人類が同時に生息しており、いわば猿人から原人へと至る過渡期となった。

ホモ・ハビリスの身長は、1～1.35mと猿人同様、小柄であり、現生人類より長い腕を持っていた。脳の容量は600～700㎤であった。

とくに手の指の部分に猿人とは異なる顕著な特徴がある。類人猿は、どの指も同じ方向にしか曲げられないが、ホモ・ハビリスの化石から、親指をほかの指と向かい合わせに曲げることができた。これは現生人類と同じように、細かいものをしっかりと持てることを意味しており、道具を巧みに操る技術を身につけていたことがわかる。

最初にアフリカを出た人類

このホモ・ハビリスのなかから、約180万年前に、アフリカでホモ・エレクトスが誕生した。ケニアで発見された「トゥルカナ・ボーイ」と名付けられたホモ・エレクトスの亜種とされるホモ・エルガスターの骨格は、9歳から12歳の少年と推定できるが、身長は160cmもあり、腕に比べて足が長く、歯も退化していた。

森ではなく草原で効率よく移動できる体型で、肌は褐色、体毛はほとんどなく、頭髪が充分に生えていたこともわかっている。現生人類とほぼ同じ体格だったのだ。

やがてホモ・エレクトスが100万年前頃に出アフリカ、つまり人類誕生のゆりかごとなったアフリカを出て、世界に拡散し、アジアでは、北京原人やジャワ原人となったと考えられている。

ただし、1991年にアフリカから2000kmも離れたグルジア（現・ジョージア）のドマニシで、180万年前頃のホモ・エレクトスと考えられる化石（ホモ・ジョルジクス）が発見されたことから、**出アフリカの年代は、もっと遡る可能性が出ている。**

人類の進化段階を表わす概念グラフ

人類の進化とともに頭骨の形状は大きく変わる。初期人類の段階で犬歯が退化し、草原生活を始めると大臼歯が発達したが、原人の段階で火の使用を始めると退化した。大脳の進化は比較的遅く、原人以降のことである。

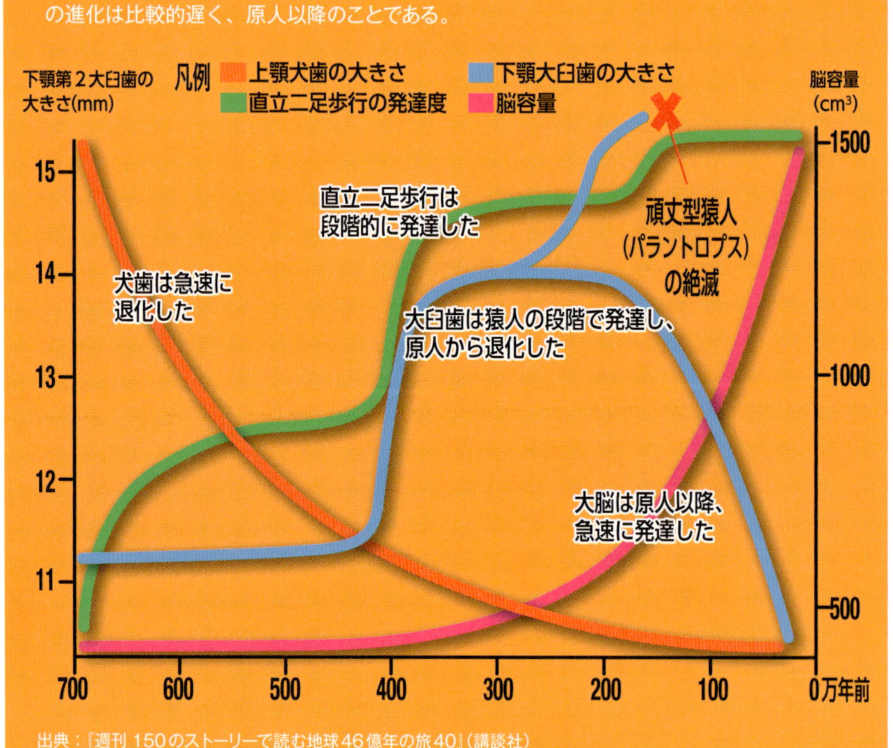

出典：『週刊 150のストーリーで読む地球46億年の旅40』(講談社)

人類の分布範囲の変遷

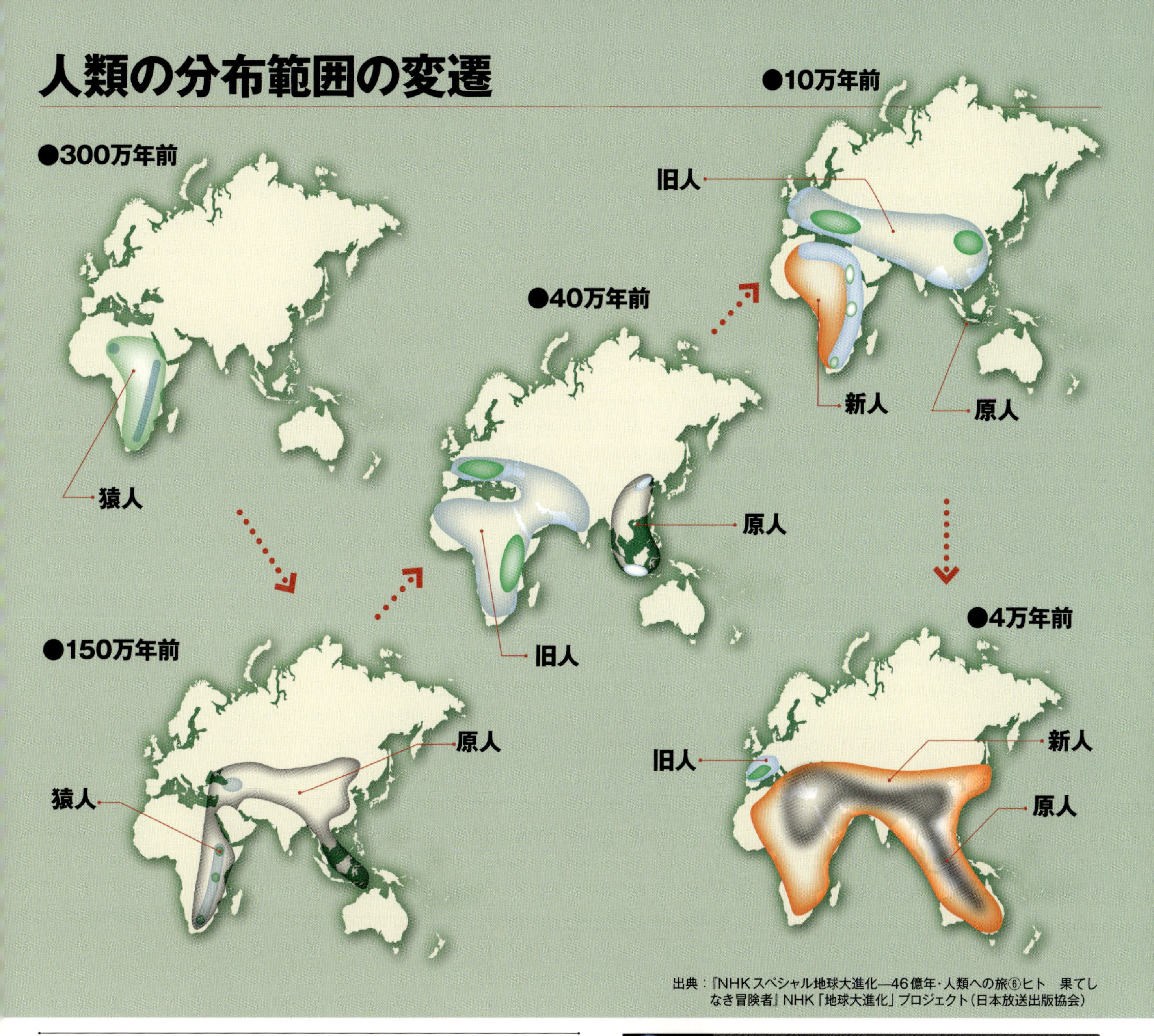

出典：『NHKスペシャル地球大進化―46億年・人類への旅⑥ヒト　果てしなき冒険者』NHK「地球大進化」プロジェクト（日本放送出版協会）

頭蓋骨の変遷

アウストラロピテクス

脳頭蓋が小さいため、脳も小さかったとみられる。

顔の下部が前方に突き出している。

ホモ・エレクトス

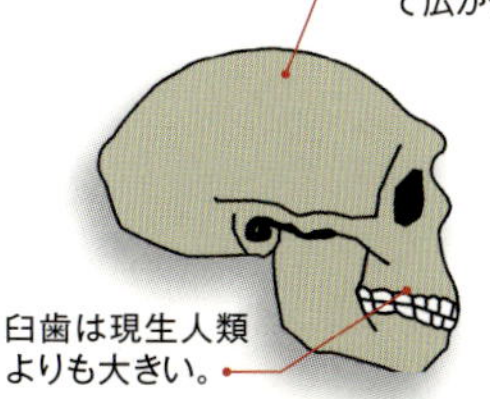

頭蓋は下に向かって広がっている。

臼歯は現生人類よりも大きい。

ホモ・ネアンデルタレンシス

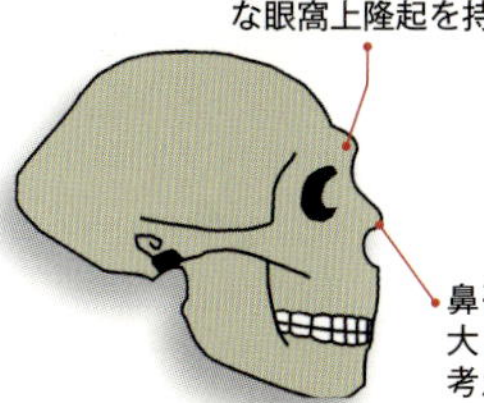

額は低く傾斜し、大きな眼窩上隆起を持つ。

鼻孔と鼻腔が大きかったと考えられる。

ホモ・サピエンス

眼窩上隆起はなく、垂直な額と平面的な顔となっている。

丸くて高さのある脳頭蓋を持ち、大きな脳を収納する。

Column 小型人類 ホモ・フロレシエンシスの発見

2004年、インドネシアのバリ島の東にあるフローレス島で、身長106cm、頭の大きさが現代人の3分の1、脳の大きさがわずか380㎤と推定される小さなヒト属の化石が発見された。後に「謎のホビット」と呼ばれるようになったホモ・フロレシエンシスだ。

これには誰もが驚いた。なにしろ、ホモ・フロレシエンシスが棲息していたのが約7万4000～1万7000年前だというのだ。

1万7000年前といえば、日本では縄文時代が始まる直前であり、人類と呼べるのはホモ・サピエンスのみだったはず。それなのに、小人のような人類が生きていたことが判明したのだ。

ホモ・フロレシエンシスは、小さな島で食料が少ない環境に最適化するために矮小化したとか、ホモ・ハビリスより先にアフリカを出た人類が独自の進化を遂げたなど諸説あるが、真相は今も不明だ。

初期人類の拡散経路

ユーラシアに消えた人類の祖先

 初期人類の化石出土地  初期人類の石器出土地

ヘイズブラ
アタプエルカ
ハイデルベルク
120万年前
ドマニシ
170万年前
ウベイディア
200万年前
ブイア
ダカ
200万年前
オルドヴァイ
オロゲサイリー

ホモ・アンテセッソロール

- 名前の由来：先駆者
- 年代：120万～50万年前
- 身長：1.6～1.8m
- 脳容積：1000㎤

イベリア半島北部で発見された人類が78万年前に西ヨーロッパに達していたことを証明した初期人類。多くの部分でホモ・ハイデルベルゲンシスと共通する部分があり、同種ではないかとの指摘もある。

ホモ・ジョルジクス

- 名前の由来：グルジアの人
- 年代：180万年前
- 身長：1.5m
- 脳容積：610～775㎤

ジョージア（グルジア）のドマニシにて発見された人類で、最初に出アフリカを果たした可能性が指摘される人類。四肢のバランスは現生人類に近く、脳容積はホモ・ハビリスとほぼ同じくらいであった。

ホモ・ハビリス

- 名前の由来：器用な人
- 年代：240万～160万年前
- 身長：1～1.35m
- 脳容積：600～700㎤

オルドヴァイ渓谷で発見された初期人類で、初めて石器を作った人類と考えられている。同じ化石層からは骨から肉を剝がしたと思われる動物の骨が発見されており、死骸の解体を行なっていたことがわかる。

オルドヴァイ渓谷

タンザニアのセレンゲティ平原に位置する全長48kmにおよぶ渓谷。同渓谷の4層にわたる地層からは、これまでに175万年前から1万5000年前までの初期人類の骨片化石が、50個体以上も発見されている。

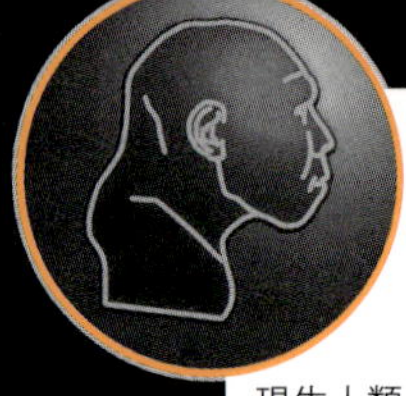

ホモ・エルガスター

- 名前の由来：働く人
- 年代：190万～150万年前
- 身長：1.45～1.85m
- 脳容積：600～910㎤

現生人類とほぼ同じ体格で、従来の人類種に比べ足が長く、手が短くなっているため、直立二足歩行の定着が反映されていると見られる。1984年にケニアのトゥルカナ湖で発見された「トゥルカナ・ボーイ」の標本が有名。

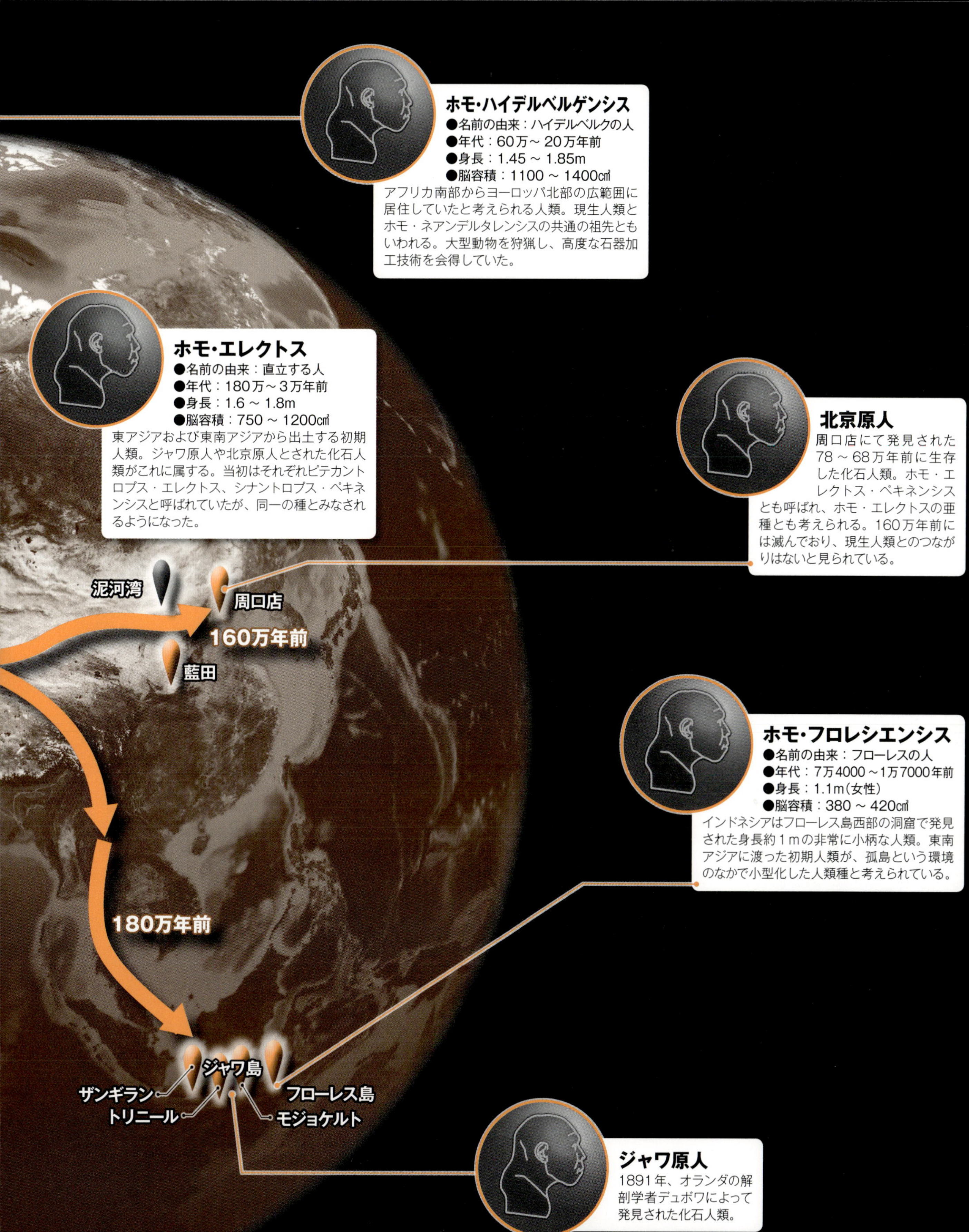
ホモ・ハイデルベルゲンシス
●名前の由来：ハイデルベルクの人
●年代：60万～20万年前
●身長：1.45～1.85m
●脳容積：1100～1400㎤
アフリカ南部からヨーロッパ北部の広範囲に居住していたと考えられる人類。現生人類とホモ・ネアンデルタレンシスの共通の祖先ともいわれる。大型動物を狩猟し、高度な石器加工技術を会得していた。
ホモ・エレクトス
●名前の由来：直立する人
●年代：180万～3万年前
●身長：1.6～1.8m
●脳容積：750～1200㎤
東アジアおよび東南アジアから出土する初期人類。ジャワ原人や北京原人とされた化石人類がこれに属する。当初はそれぞれピテカントロプス・エレクトス、シナントロプス・ペキネンシスと呼ばれていたが、同一の種とみなされるようになった。
北京原人
周口店にて発見された78～68万年前に生存した化石人類。ホモ・エレクトス・ペキネンシスとも呼ばれ、ホモ・エレクトスの亜種とも考えられる。160万年前には滅んでおり、現生人類とのつながりはないと見られている。
泥河湾
周口店
160万年前
藍田
ホモ・フロレシエンシス
●名前の由来：フローレスの人
●年代：7万4000～1万7000年前
●身長：1.1m(女性)
●脳容積：380～420㎤
インドネシアはフローレス島西部の洞窟で発見された身長約1mの非常に小柄な人類。東南アジアに渡った初期人類が、孤島という環境のなかで小型化した人類種と考えられている。
180万年前
ジャワ島
サンギラン
フローレス島
トリニール
モジョケルト
ジャワ原人
1891年、オランダの解剖学者デュボワによって発見された化石人類。

ネアンデルタール人

現生人類に圧迫され消滅していった寒冷地の狩人たちの生活の実態とは？

寒冷地仕様のハンター人類

約35万年前、旧人としてグループ分けされてきたネアンデルタール人（ホモ・ネアンデルタレンシス）が登場する。

彼らはヨーロッパに到達して孤立したホモ・ハイデルベルゲンシスから進化したとも、アフリカに残ったハイデルベルゲンシスから進化したともいわれている。2万8000年前に滅びるまで、約30万年にわたって繁栄した。

身長は現生人類と同じくらいかやや低く、体は筋肉質でがっしりしており、身長160～170cmでも体重が80kgを越える者もいたと考えられている。顔は眼窩がくぼんでいて、額が張り出し、鼻は高く、口にかけての中央部が盛り上がっていた。鼻孔が非常に広いのは、200万年前から続く氷期にあって、しかもより寒冷なヨーロッパという居住条件のもと、外界からの空気を温め、体内へ送り込むためと推定されている。

また、太陽の光を効率よく吸収してビタミンDを作りだすため、肌は白く赤髪碧眼（へきがん）だったともいわれている。

ネアンデルタール人は、寒さに耐えられるよう体を進化させていたのである。しかも彼らの住処（すみか）は、平地や岩陰、洞窟など、それぞれ悪天候を避け、快適に生活できるよう工夫されていた。脳容量は1200～1750㎤で、と現生人類よりも大きい個体もいた。**芸術心の芽生えも指摘されており、体を飾る貝殻製の装飾品も発見されている。ボディアートを施していた可能性もある。**

現生人類に吸収された隣人たち

こうして原人を凌駕（りょうが）したネアンデルタール人は、相当な狩りの名手だったと推定されている。彼らは組織化された集団で暮らしており、家族単位で生活し、衣服を着ていた可能性も高いと

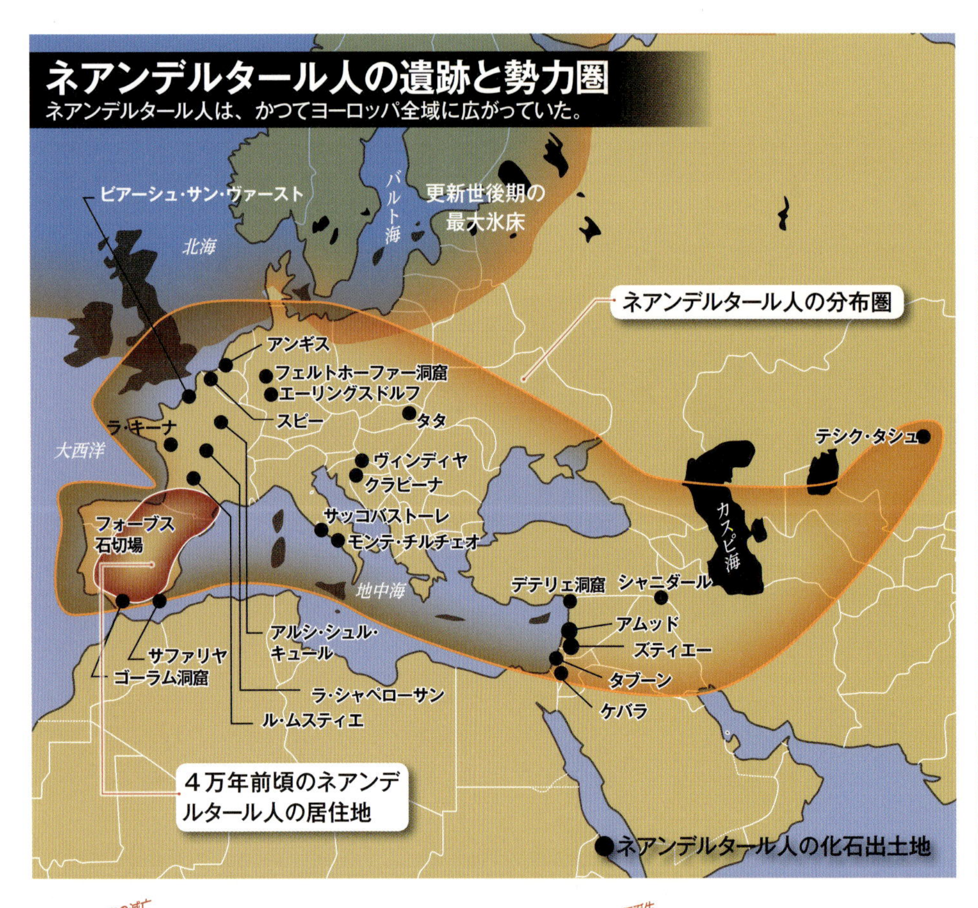

ネアンデルタール人の石器文化

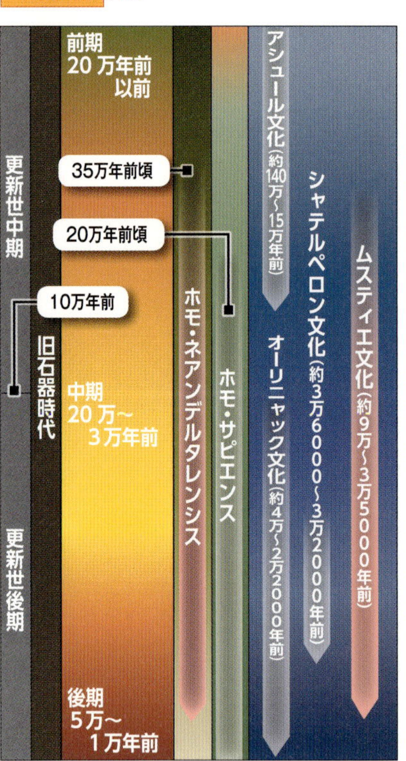

北方の狩人ネアンデルタール人

約35万年前、ネアンデルタール人が登場する。ヨーロッパに孤立したホモ・ハイデルベルゲンシスから進化したとも、アフリカに残ったハイデルベルゲンシスから進化したともいわれるがはっきりしない。彼らは狩りの技術に優れ、組織化された集団で獲物を襲い仕留めた。

DNA研究の成果から、赤い髪、白い肌のネアンデルタール人がいたことがわかっている。白い肌になったのは、日光が少ない地域にあって、ビタミンDを合成しやすくするためとされる。

ネアンデルタール人
——勇敢なる狩猟民族

ネアンデルタール人は現代人に比べ、がっちりとした体格で、氷期のヨーロッパに適応した進化を遂げていた。

いう。また、死者を埋葬する文化も持っていたという研究者もいる。

かつて、ネアンデルタール人は現生人類へと進化したという説が有力だったが、**現在では現生人類と同時期を生きていた別の人類種であったことが判明している。**

7万〜5万年前頃、ヨーロッパに現生人類が進出すると、共存の過程を経つつも次第に圧迫され始める。石器製作の技術などを現生人類から学んだと思われる例も見られ、生存の道を模索していた痕跡も見られるが、やがて吸収・消滅したと見られている。彼らの最終期の住居跡はイベリア半島南端で発見されている。

人類はなぜ体毛が薄くなったのか？

原人の姿をイラストなどで見ると、体毛が非常に濃い。人類と同じ祖先を持つゴリラやチンパンジーも、全身を毛で覆われている。なのに、なぜホモ・サピエンスは体毛が極端に薄いのか？　その理由は、人間が直立二足歩行するようになったことと関係が深いという。

人類の祖先は、その昔、狩りをして獲物を獲っていた。ところが、ろくな武器もなければ、動物のように速く走ることもできない。それでも獲物を捕まえるには、長い距離を走って、獲物が疲れるまで追い続けるしかなかったのだが、体毛が発達していた時代は、とにかく暑い上、汗腺も発達していないので、汗もかけず、非常につらい状況だったのだ。

ところが、あるとき、人類は突然変異か何かによって、体毛が薄くなり、汗腺が発達し、汗をかいて体温を下げる術を身につけた。人類が現代まで生き延び、進化を続けられたのは、体毛が薄くなったことも無縁ではないのである。

農耕の始まり　国家の始まり
10万年前　5万年前　1万年前　5000年前　1000年前

【図解】最新版！人類の進化系統図

700万年前　600万年前　500万年前　400万年前

700万～600万年前

サヘラントロプス・チャデンシス

●身長：不明●脳容積：320～380㎤
類人猿と比べ扁平な顔を持つ一方で、厚みのある眼窩上隆起を持つなど、原始的特徴と発展的特徴をあわせ持った最古の人類。

620万～560万年前

オロリン・トゥゲネンシス

●身長：不明●脳容積：不明
骨幹の上部が太い大腿骨の形状から、直立二足歩行をしていたことがわかる一方、上腕骨にも体重負担能力があった。

580万～520万年前

アルディピテクス・カダバ

●身長：不明●脳容積：不明
犬歯が大きく突き出た特徴を持つ。発見当初はアウストラロピテクス、次いでアルディピテクス・ラミダスの亜種と考えられていた。

450万～430万年前

アルディピテクス・ラミダス

●身長：1.2m（女性）
●脳容積：300～370㎤
二足歩行と樹上生活の両方を行なっていた。1992年に発見された人類で、雑食性であったことがわかっている。直立二足歩行も実現していたが、アウストラロピテクスに比べ走る能力は劣っていたようだ。

420万～390万年前

アウストラロピテクス・アナメンシス

●身長：不明●脳容積：不明
足にも腕にも体重を支えるだけの力があった。歯列は類人猿に似ている。

370万～300万年前

アウストラロピテクス・アファレンシス

●身長：1.51m（男性）、1.05m（女性）
●脳容積：387～550㎤
直立二足歩行をしながら道具を使用していた。これまでに数個体分の骨断片が発見されており、性的な体格差が顕著な猿人であったことがわかっている。

アウストラロピテクス・バールエルガザリ

●身長：不明●脳容積：不明
下アゴ骨のみ発見されている。アファレンシスに近いが、歯のエナメル質が薄い。

サヘラントロプス・チャデンシス

アウストラロピテクス・アファレンシス

アウストラロピテクス・アフリカヌス

※各人類の生存年代は『人類の進化大図鑑』アリス・ロバーツ編著、馬場悠男日本語版監修（河出書房新社）に、進化の関係推定は『面白くて眠れなくなる人類進化』左巻健男（PHPエディターズ・グループ）に基づく。

200万年前

100万年前

ホモ・ハビリス

350万～330万年前

ケニアントロプス・プラティオプス

●身長：不明●脳容積：不明
平らな顔を持った初期人類。

240万～160万年前

ホモ・ハビリス

●身長：1～1.35m
●脳容積：600～700㎤
アウストラロピテクスよりも小さい体ながら、大きな脳を持ち二足歩行ができていた。

ホモ・フロレシエンシス

7万4000～1万7000年前

ホモ・フロレエンシス

●身長：1.1m（女性）
●脳容積：380～420㎤
背は低いが頑丈な四肢を持っていた。足が短かくずんぐりした体型をしていた。

180万～3万年前

ホモ・エレクトス

●身長：1.6～1.8m●脳容積：750～1200㎤
現代人と変わらない直立二足歩行をしていた。頬骨が両側に出ている。

ホモ・エレクトス

250万～230万年前

アウストラロピテクス・ガルヒ

●身長：不明●脳容積：450㎤
ヒト属に近い歩き方をしていた可能性が指摘される種であるが、現生人類よりも腕が長かった。

190万～150万年前

ホモ・エルガスター

●身長：1.45～1.85m
●脳容積：600～910㎤
上アゴが大きく前に突き出している以外の体の部分は現生人類に近い特徴を持っていた。

120万～50万年前

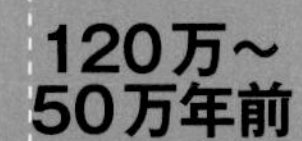

ホモ・アンテセッソール

●身長：1.6～1.8m
●脳容積：1000㎤
現生人類よりも長い腕を持っていた。

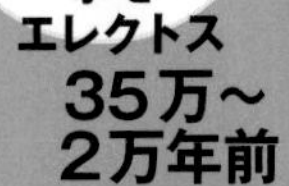

ホモ・ネアンデルタレンシス

●身長：1.52～1.68m
●脳容積：1200～1750㎤
現生人類よりやや背が低いが頑丈な体型をしていた。ホモ・サピエンスと混血していた可能性が指摘されている。

ホモ・ネアンデルタレンシス

270万～230万年前

200万～120万年前

パラントロプス・エチオピクス

●身長：不明●脳容積：410㎤
小ぶりな脳頭蓋の前に幅広い顔を持っている。咀嚼筋が付着する頭骨上部の矢状稜（しじょうりょう）が特徴。

パラントロプス・ロブストス

●身長：1.1～1.3m●脳容積：530㎤
奥歯が肥大化し、硬い繊維質の食物を食べることができた。

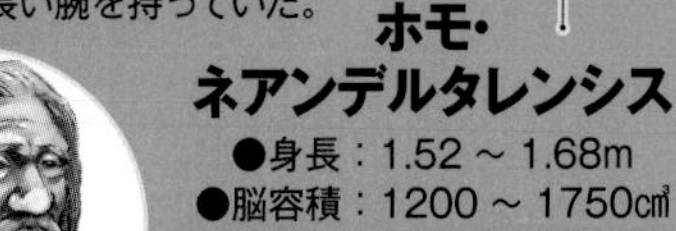

60万～20万年前

ホモ・ハイデルベルゲンシス

●身長：1.45～1.85m
●脳容積：1100～1400㎤
アフリカからヨーロッパにかけて広い範囲に生息していた。頑丈な体が特徴。ネアンデルタレンシスとホモ・サピエンスの共通の先祖といわれる。

360万～300万年前

230万～140万年前

パラントロプス・ボイセイ

●身長：1.37m（男性）、1.24m（女性）
●脳容積：475～545㎤
発達した矢状稜、頑丈なアゴと大きな歯によって「くるみ割り人」というニックネームが付けられた。

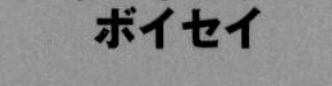

20万年前～

ホモ・サピエンス

ホモ・サピエンス

●身長：1.5～1.8m
●脳容積：1000～2000㎤
華奢な体型が特徴で、体の大きさの割に大きな脳を持つことが特徴。現生人類はみなこの種である。

330万～210万年前

アウストラロピテクス・アフリカヌス

●身長：1.35m（男性）、1.1m（女性）
●脳容積：428～625㎤
体格が小さく樹上生活が得意ながら二足歩行ができていた。最初に発見されたのは1924年のことで、人類の祖先がアフリカに存在したことが実証された。

195万～178万年前

アウストラロピテクス・セディバ

●身長：1.27m●脳容積：420～450㎤
アフリカヌスに比べ顔が細く、股関節周りの骨が強化されている。樹上生活から歩行生活へ移行する過程の種ともいわれる。

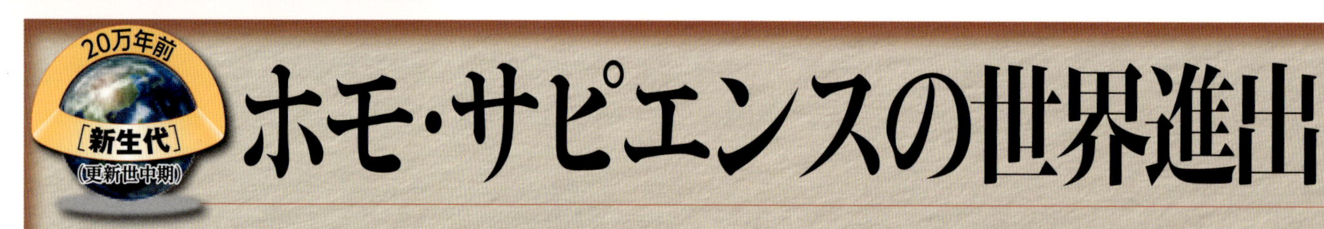

ホモ・サピエンスの世界進出

脳が大きいわけでも、体格が優れているわけでもない現生人類がなぜ生存競争を勝ち抜けたのか？

“マンモスハンター”ホモ・サピエンス

20万年前頃、アフリカに残っていたホモ・ハイデルベルゲンシスから進化した現生人類（ホモ・サピエンス）が登場する。高い創造性と未来予測をする力、そして、言語によって意思疎通を行なう能力を持つ現生人類は、石器の発展もネアンデルタール人に比べて早く、10万年前頃にアフリカを出ると、マンモスなどの獲物を追いながら世界各地へ浸透していった。

アフリカに生まれた現生人類

我々現生人類であるホモ・サピエンスが誕生したのは、約20万年前のアフリカでのことである。かつてホモ・サピエンスは、ネアンデルタール人が進化したものとする説が主流だったが、1980年代になって、ホモ・サピエンスの化石の一部がネアンデルタール人より古い年代のものと発覚したことで、この定説は否定された。現代では、共にホモ・ハイデルベルゲンシスから枝分かれした別人種であるというのが定説だ。

アフリカで誕生したホモ・サピエンスは、およそ10万年前にアフリカを出た。その後、アジアやヨーロッパ、さらには陸続きのベーリング海を渡ってアメリカ大陸に浸透。アジアへ至った一派のなかからは、東南アジアを経てオセアニアの島々に到達する一派もいた。こうしてホモ・サピエンスは南極以外のほとんどの陸地に棲息するようになった。

とくにヨーロッパへ進出した一派と、ネアンデルタール人との間に共存・交雑があったことも、現生人類のDNAに1～4%の割合でネアンデルタール人のゲノムが伝わっていることや、交配種と見られるホモ・サピエンスの化石が発見されていることから、証明されている。

現生人類は、外見的に体格や肌の色など多様性に富むが、脳の大きさや骨格などは基本的に同じで、頭蓋骨が丸いという特徴がある。これは直立歩行でもバランスが良く、大きな容積を確保できるよう、頭蓋が上へと盛り上がったことで、全体が丸い形になったのである。

現生人類が生き残った理由

ホモ・サピエンスは、ネアンデルタール人などに比べ、特別脳が大きいわけではないし、体格が優れているわけでもない。**しかし、それでも生存競争を勝ち抜くことができたのは、高い創造力や、言語を獲得したことが大きい。**

大脳を発達させたホモ・サピエンスは、針を発明して衣服を縫い、海を渡るための舟を建造するなど、自分たちが便利になる道具を考案し、それを形にしていった。彼らが作る石器や道具類も洗練されており、同じ種の間で交易し、互いの技術を交換する発想も持ち合わせていた。こうした脳は、意思疎通の手段として言語を生み出し、言語による情報交換ができたことで、文化をさらに発達させていった。

マンモス

約400万年前から1万年前頃(絶滅時期は諸説ある)までの期間に生息していたゾウの近縁種。ヨーロッパ、ユーラシア大陸、北米大陸などに多くの種類がおり、長い体毛で全身を覆われたケナガマンモスが有名。

高度な石器加工技術を生み出していた。

脳の巨大化に伴い額が広く大きくなった。

氷河期にあって動物の毛皮をまとっていたとみられる。

ネアンデルタール人に比べ華奢で背が高い。

世界の装飾壁画

ホモ・サピエンスは世界各地の洞窟にさまざまな洞窟壁画を残している。そこは儀式的空間であったことが想像され、芸術性とともに信仰心を芽生えさせていたことがうかがえる。

■ラスコー

フランス西南部ドルドーニュ県
ヴェゼール渓谷の洞窟で、馬・山羊・羊・野牛などを描いた先史時代の洞窟壁画が残されている。

■カカドゥ国立公園

レントゲン技法を用いて描かれた黄土の壁画などが、数多く残されている。

■アルタミラ

スペイン北部、カンタブリア州
サンティリャーナ・デル・マル近郊にある洞窟内に描かれた洞窟壁画。約1万8000～1万年前にかけて描かれたもので、野牛、イノシシ、馬、トナカイが岩の凹凸などを利用して立体的に描かれている。

■クエバ・デ・ラス・マノス

アルゼンチン南部サンタクルス州
洞窟の壁に手をつき、塗料を吹き付けることで描かれた、洞窟壁画が有名。手形以外にもネコ科の動物や人なども描かれている。

■ラース・ゲール

ソマリランド首都ハルゲイサ近郊
花崗岩質の壁面に、牛やイヌ、キリンなどを表現した新石器時代の壁画が残されている。

食事の違いも大きい。ネアンデルタール人は大型の哺乳類を狩って食べていたが、ホモ・サピエンスは小型の動物や海産物など、幅広く資源を活用していた。大型の哺乳類だけでは、狩猟や気候変動によって獲物の数が減るなどのダメージも大きいが、多様な食物を摂取することで、そのリスクを減少させることにも成功したのだ。

こうしてホモ・サピエンスは世界への拡散を成功させ、地球の支配者となっていったのである。

進化のPOINT ミトコンドリア・イヴ

人類のDNAは、遡ると一人の女性にたどり着くという。その女性とは、およそ20万年前にアフリカにいた一人の女性だとされる。

この説は、1987年にアメリカの分子生物学者アラン・ウィルソンらが『ネイチャー』に発表したもので、世界各地の出身者147人の胎盤からミトコンドリアを採取してDNAを分析したところ、一人の女性にたどり着いたと発表したのである。

我々人類は、それぞれが違うDNAを持っており、それは父親と母親から受け継がれたものだ。しかし、ミトコンドリアDNAは、母親のものだけが子供に伝わるので、母親の系譜をたどれば、先祖を知ることができるというわけだ。

こうした経緯から、この論文を記事にした新聞記者は、その女性を「ミトコンドリア・イヴ」と名付けた。人類の母である女性の名として、実に的を射ているといえるだろう。

農耕の始まり　国家の始まり
10万年前　5万年前　1万年前　5000年前　1000年前　0

【図解】グレート・ジャーニー

15万年におよぶ現生人類拡散の足跡を追う！

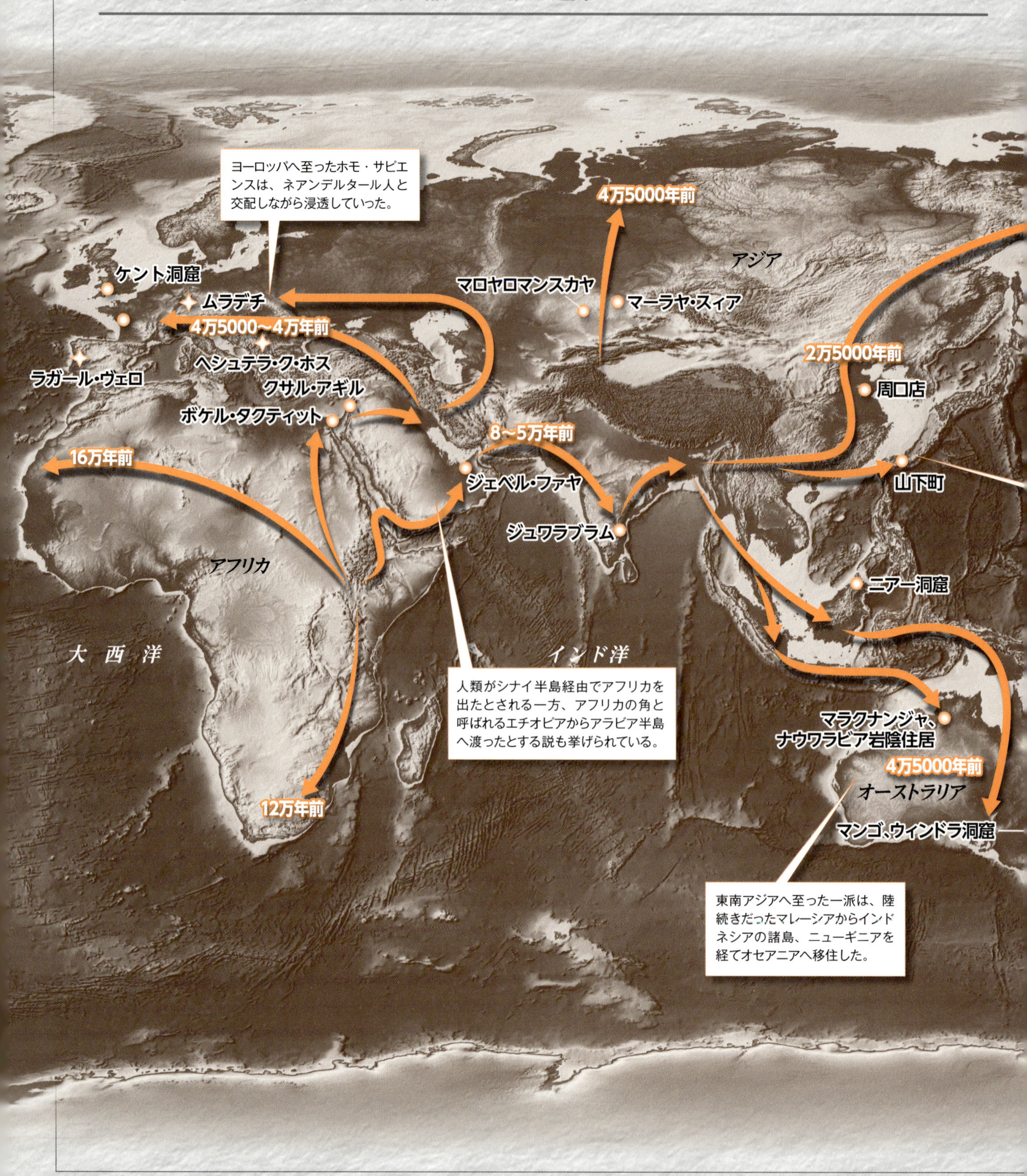

2万〜1万5000年前
トゥルアク
ネナナ
更新世（260万〜1万2000年前）の大半を通じ、海面の後退によってアジアと北アメリカは陸続きだった。北東アジアに至った一派は、この海峡を渡り北アメリカへと至った。
北アメリカからの南下経路は、氷に閉ざされていない無氷回廊を通ったと考えられている。
アーリントン・スプリングス
北アメリカ
ペイジュ・ラドソン
大 西 洋
トラパコヤ
現在日本最古の人類は、沖縄県で発見された港川人とされる。
太 平 洋
ペトラ・プラーダ
南アメリカ
チリ南部のモンテ・ベルデ遺跡からは、約1万5000年前の遺跡が発見されている。
ネアンデルタール人と現生人類の交配種と思われる人骨の出土地
現生人類の主な遺跡
1万5000年前
フェルス洞窟

氷期の終わり

**移住から定住へ……
氷期の終焉が人類にもたらしたものとは？**

地球の雪解け

更新世において、地球が最低でも4回の氷期を経験したことはすでに述べた通りだ。

紀元前1万6000年頃に最終氷期を終えた地球は、現在、間氷期にあたっており、比較的穏やかな時期を過ごしている。

現生人類の祖であるホモ・サピエンスが誕生したのは、最終氷期の真っただなかだった。人類は原人の頃から寒い氷期のなかで進化を続けてきたわけである。

そうしたなかで迎えた氷期の終わりは、ホモ・サピエンスに驚異的な変化をもたらした。間氷期を迎えた地球では、次第に気温が上昇し、紀元前7000年には、現在より数度も平均気温が高くなったという。

結果、氷床は後退し、雨量が激増し

農耕の伝播と文明の発生

紀元前1万6000年頃、地球は4回目の氷期を終えた。温度が上昇し、海面が陸地を浸食していった。原人の頃から氷期を経験してきた人類は、農耕を始め、交易を開始。やがてメソポタミアに文明を起こし、国家を築いていった。

た。氷期の最盛期に現在より120m以上も低かった海面は徐々に上昇し、紀元前4000年からしばらく後には現在のレベルにまで達した。

ホモ・サピエンスはこの変化のなかで、積極的に自然に介入し始めた。

温暖化に伴う氷床の融解により北に広い土地を得ると、新しい土地へ移動し、狩猟のための移動生活をやめて、定住生活へと入った。

温暖化と雨がもたらした自然の恵みは、彼らが移動しなくても生活できるだけの豊富な野生の穀物、豆類、木の実を与えたからだ。

もはや生存競争を繰り広げてきた異種の人類も存在しない。

定住を始めたホモ・サピエンスは、やがて動物を家畜として、農耕も開始した。自ら作物を育てるようになると、さらに食糧は豊富になる。こうして、農耕で得た食糧が必要な量より多くなると、他の地域の人々との交易も開始した。経済活動が生まれたのである。

文化を手にした人類の発展

かくしてホモ・サピエンスは文明を生む。今からおよそ5000年前、中東のティグリス川とユーフラテス川に挟まれたメソポタミア地域にあったシュメール人が、文字を発明し、国家を形成したのである。

文字の発明が意味するところは、歴史の誕生だ。それまでの歴史はあくまで口伝だったが、文字の発明により、歴史は石に刻まれ、後世へと受け継がれるようになった。**この文明発明以前を先史時代、文字発明以後は有史時代と呼ばれている。**

同じ頃、エジプトではナイル川の中・下流域にエジプト文明が誕生し、巨大なピラミッドを建設し始めた。さらにインダス川の流域にはインダス文明、黄河の流域には黄河文明が誕生した。

こうした文明がすべて大河の近くで発達したのは、大河が氾濫（はんらん）することで肥沃（ひよく）な土地が生まれたからだ。人類の発展は、水がもたらしたと言っても過言ではないだろう。

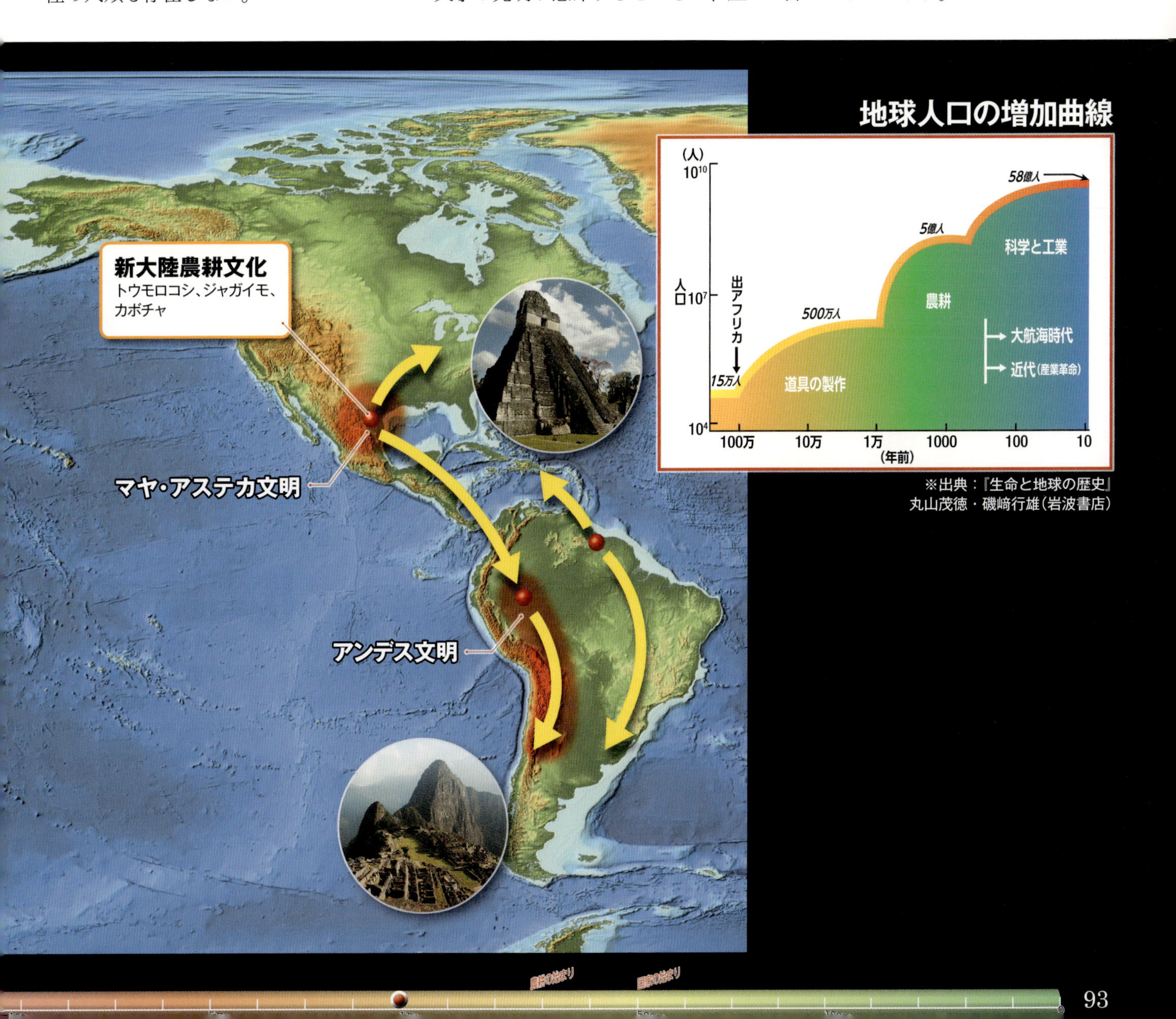

※出典：『生命と地球の歴史』丸山茂徳・磯﨑行雄（岩波書店）

Chapter03で覚えておきたい8つのキーワード

●鳥類

脊椎動物門鳥綱に属し、飛翔生活に適応した脊椎動物の総称。

鳥類の主な特徴は、体が羽毛で覆われ、前肢が翼に変形して後肢のみで体を支える点にある。また体温は定温性で卵生の生物である。

恐竜から始祖鳥を経て進化した種とする考えが現在優勢を占めており、恐竜滅亡後の地上で最初に覇権を握ったのも鳥類の一派である恐鳥類だった。

●大陸移動説

ドイツのウェゲナーが1912年に発表した学説で、ユーラシア、南北アメリカ、アフリカ、インド、オーストラリアなどの諸大陸はその形や面積を大きくは変えないまま、地表を水平に移動したとする学説。大西洋両岸の海岸線の一致、古い地層や動植物の分布、サンゴ礁などの分布、造山運動の成因などを説明する根拠となった。のちに海洋底拡大説と結びつくと、1970年代にはプレートテクトニクスとして発展した。

●ナックルウォーク

前肢を握り拳の状態にして地面を突くナックルウォーキングと呼ばれる四足歩行をする。

類人猿は長く湾曲した手指を持ち、ナックルウォーキングを行なう。これに比べ人類は短く細い指を持ち、手のひらで体重を支えることに適していた。

●哺乳類

体毛を持ち、自分で作り出した乳を子に与える四足の脊椎動物。基本的に有性生殖を行ない、現存する多くの種が胎生で、乳で子を育てる。三畳紀に出現したとされ、中生代を通じて多様化が進んだが、中世代末期に多くが滅亡した。生き残った哺乳類は、高度な咀嚼能力を備え、胎生による確実な種の保存方法により、新生代に多様化を進めていった。

●適応放散

適応とは、生物が進化過程において、異なった環境に適応して多様な形態的・生理的分化を生じていく現象。 生物の進化に見られる現象のひとつで、単一の祖先から多様な形質の子孫が出現することを適応放散と呼ぶ。中生代初期におびただしい分化を起こして発展を遂げた恐竜類や、哺乳類の急速な分化発展が適応放散の好例である。

●人類

動物学上は霊長目真猿亜目ヒト上科ヒト科に属し、学名はホモ・サピエンス・サピエンス。ヒト科には現生種としてヒト1種が含まれるにすぎないが、700万年前のサヘラントロプス以降、アウストラロピテクス、ホモ・ハビリス、ホモ・ネアンデルタレンシスなど、多様な人類種が登場してきた。これらすでに死滅したヒト科の種も併せて広義に人類と呼ぶ。

●メガリス

大陸プレートの下に潜り込んだ海洋プレートの先端が、破断し沈降していく塊体のこと。「メガリソスフェア」の略。海溝へ沈み込んだ海洋プレートは、地下600～700kmの地点に溜まり、大きな岩石の塊を作る。自重に耐え切れなくなると、一気に地球深部へと崩落するとされ、それまでの地上のプレート運動の向きが変わる、新たに海溝や火山帯が生まれるなどの影響が考えられている。

●氷期

南極や高山などに氷河が存在する時期を「氷河時代」と呼ぶ。このうち、とくに気候が寒冷で氷河が発達・拡大し、世界的に海面低下が生じた時期を氷期とする。先カンブリア時代の後期、古生代の後期、新生代の第四紀に氷期があり、第四紀更新世には中緯度の平野・丘陵部も氷河に覆われた。氷期は温暖気候の時期である間氷期と交代を繰り返しており、現在は最終(ウルム)氷期後の後氷期とされる。

これからの地球

人類の消滅後、地球がその生涯を終えるまで

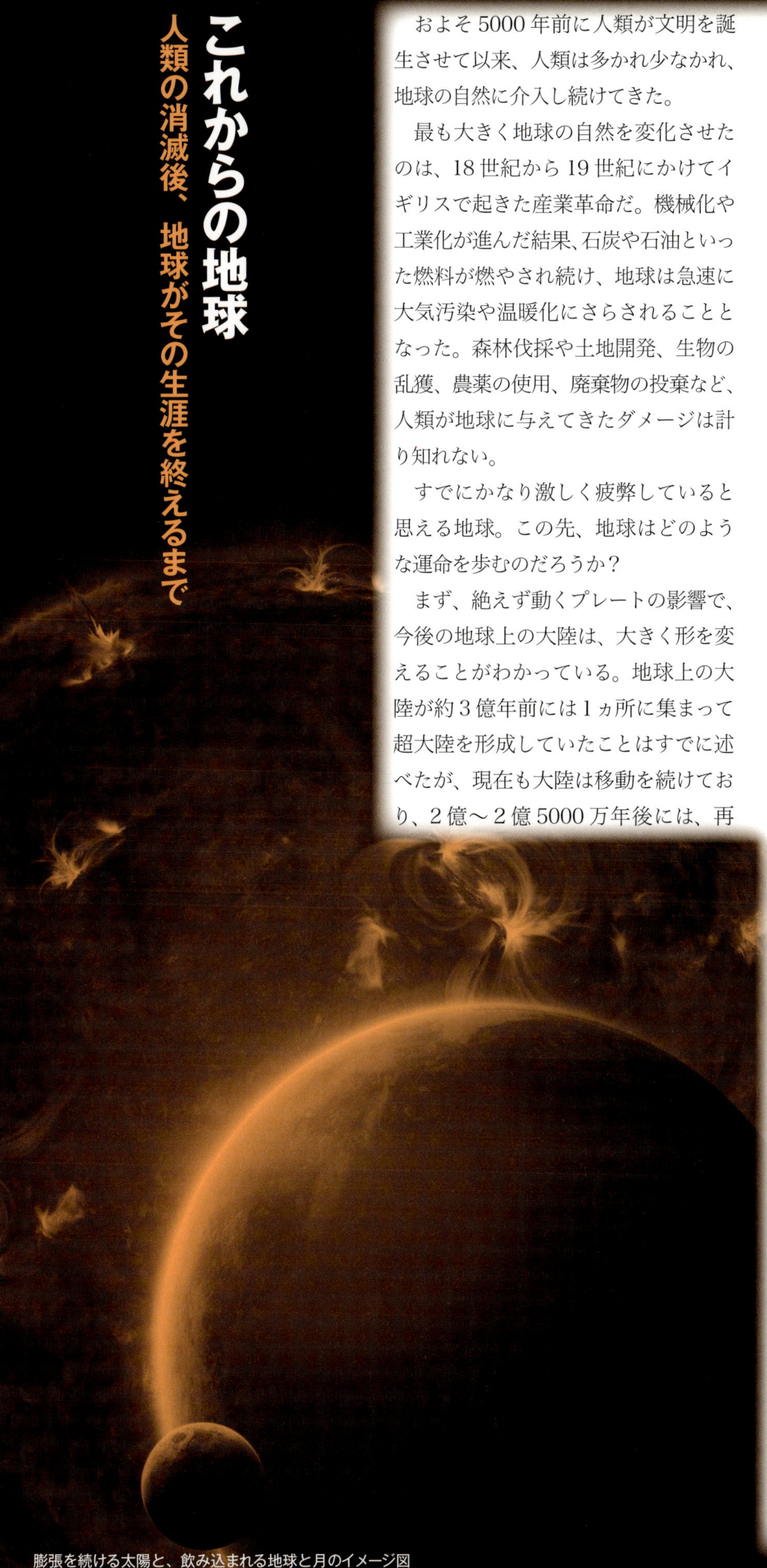
膨張を続ける太陽と、飲み込まれる地球と月のイメージ図

およそ5000年前に人類が文明を誕生させて以来、人類は多かれ少なかれ、地球の自然に介入し続けてきた。

最も大きく地球の自然を変化させたのは、18世紀から19世紀にかけてイギリスで起きた産業革命だ。機械化や工業化が進んだ結果、石炭や石油といった燃料が燃やされ続け、地球は急速に大気汚染や温暖化にさらされることとなった。森林伐採や土地開発、生物の乱獲、農薬の使用、廃棄物の投棄など、人類が地球に与えてきたダメージは計り知れない。

すでにかなり激しく疲弊していると思える地球。この先、地球はどのような運命を歩むのだろうか？

まず、絶えず動くプレートの影響で、今後の地球上の大陸は、大きく形を変えることがわかっている。地球上の大陸が約3億年前には1ヵ所に集まって超大陸を形成していたことはすでに述べたが、現在も大陸は移動を続けており、2億～2億5000万年後には、再び巨大な超大陸を作ることが予想されているのだ。

どのような大陸ができるのかは議論が分かれているが、その中のひとつ、パンゲア・ウルティマ説では、アフリカ大陸がヨーロッパに衝突し、南北アメリカ大陸がアフリカ大陸にくっつくという。日本は朝鮮半島に合体して半島になり、南極大陸とオーストラリア大陸が東アジアのほうに迫って合体し、インド洋は陸地に囲まれた大きな内海になるという。

また、巨大噴火が起こり、火山の冬が来ることも予測されている。恐竜の繁栄も2億年で終わった。誕生から700万年ほどしか経っていない人類は、果たしてこのあとどのようになっていくのだろうか。

■太陽の膨張と地球の終焉

地球は太陽から一定の軌道を巡り、絶えず太陽に照らし続けてもらってきた。

しかし、太陽の寿命は100億年。これまでに46億年が経っているので、地球は来るべき終焉までの中間地点にいると考えていいだろう。

現在までの研究の結果、これからも50億年間、太陽は水素を核融合させて核エネルギーを生み続け、地球を照らし続けると考えられている。しかし15億～25億年後には、膨張を始め、地球がハビタブルゾーンから外れて外側に出てしまうという。そうなると、液体の水が確保できず、地球はカピカピに乾燥してしまう。

さらに50億年が過ぎて寿命を迎えた太陽はどんどん膨張し、やがて現在の直径の100倍にまで膨張すると考えられている。

こうなれば、水星も金星も、そして地球すら飲み込まれてしまう。

地球の終焉は、すでに決まっているといえるのだ。

参考文献

『人類の進化大図鑑』アリス・ロバーツ編著、馬場悠男日本語版監修、『生物の進化大図鑑』マイケル・J・ベントンほか監修、小畠郁生日本語版監修（以上、河出書房新社）／『週刊 150のストーリーで読む地球46億年の旅08―氷の世界 スノーボール』、『週刊 150のストーリーで読む地球46億年の旅37―霊長類、ヒトに近づく！』（以上、朝日新聞出版）／『ニュートンムック Newton別冊 生命史35億年の大事件ファイル―生命創造から人類出現まで』、『ニュートンムック Newton別冊 地球 宇宙に浮かぶ奇跡の惑星―なぜ,「水と生命」に恵まれたのか？』、『ニュートンムック 大地と海を激変させた地球史46億年の大事件ファイル』、『ニュートンムック 地球と生命46億年のパノラマ』（以上、ニュートンプレス）／『46億年の地球史図鑑』高橋典嗣、『古代生物図鑑』岩見哲夫（以上、KKベストセラーズ）／『図解入門 最新地球史がよくわかる本』川上紳一、東條文治、『これだけ！ 生命の進化』夏緑（以上、秀和システム）／『NHKスペシャル地球大進化 46億年・人類への旅6ヒト果てしなき冒険者』NHK「地球大進化」プロジェクト編（日本放送出版協会）／『NHKスペシャル生命大躍進』（NHK出版）／『アフリカで誕生した人類が日本人になるまで』溝口優司（SBクリエイティブ）／『カラーイラストで見る恐竜・先史時代の動物百科』ダグラス・パーマー編、上原ゆうこ訳（原書房）／『サメの自然史』谷内透（東京大学出版会）／『パーフェクト図解 地震と火山』鎌田浩毅監修（学研パブリッシング）／『マグマの地球科学』鎌田浩毅（中央公論新社）／『宇宙からいかにヒトは生まれたか』更科功（新潮社）／『新版 絶滅哺乳類図鑑』冨田幸光著、伊藤丙雄・岡本泰子画（丸善）／『生命と地球の歴史』丸山茂徳・磯﨑行雄（岩波書店）／『大人のための図鑑 地球・生命の大進化―46億年の物語』田近英一監修（新星出版社）／『地球のはじまりからダイジェスト 地球のしくみと生命進化の46億年』西本昌司（合同出版）／『地球進化46億年の物語―「青い惑星」はいかにしてできたのか』ロバート・ヘイゼン著、円城寺守監訳（講談社）／『面白くて眠れなくなる人類進化』左巻健男（PHPエディターズ・グループ）

著者紹介

日本博学倶楽部（にほんはくがくくらぶ）

歴史上の出来事から、様々な文化・情報・暮らしの知恵まで幅広く調査研究し、発表することを目的にした集団。主な著書に、『「科学の謎」未解決ファイル』『「世界の名画」謎解きガイド』『日本の「神話」と「古代史」がよくわかる本』（以上、PHP文庫）などがある。

■装丁：片岡忠彦
■本トビラ写真：© MAURICIO ANTON/SCIENCE PHOTO LIBRARY /amanaimages
■本文デザイン：小野寺勝弘（gmdesigning）
■本文イラスト：山寺わかな
■写真提供：アフロ、アマナイメージズ、fotolia

地球と人類 46億年の謎を楽しむ本

2016年12月8日　第1版第1刷発行

著　者：日本博学倶楽部
発行者：岡　修平
発行所：株式会社PHP研究所
東京本部　〒135-8137　江東区豊洲5-6-52
ビジネス出版部　☎03-3520-9619（編集）
普及一部　☎03-3520-9630（販売）
京都本部　〒601-8411　京都市南区西九条北ノ内町11
PHP INTERFACE　http://www.php.co.jp/
印刷所：共同印刷株式会社
製本所：東京美術紙工協業組合

ISBN978-4-569-83220-3